# 動画と分子模型でわかる基礎化学

原子の構造・電子の軌道・
分子の立体構造・エネルギーと反応

友野 和哲 著

丸善出版

本書で利用している QR コードは（株）デンソーウェーブの登録商標です.

# まえがき

　みなさんは，化学の基本を理解することで，どれほど世界が広がるか想像したことがありますか？　高校や大学で化学を学ぶことは，ただ暗記するだけではありません．物質を構成する原子や分子の性質，そしてそれらの相互作用を深く理解することで，化学という学問がもつ無限の可能性に気づくことができるのです．本書を通じて，みなさんが化学の奥深さに触れ，さらに理解を深めてもらえれば幸いです．

　本書は，感染症の影響で大学に来ることができない学生たち向けに作成したYouTube 動画がきっかけで生まれました．対象は大学初年次や高専生ですが，化学に強い興味をもつ高校生にもぜひ読んでいただきたいです．化学は単なる暗記科目ではなく，理解を深めることで暗記に頼る必要のない学問であることを，本書を通じて読者のみなさんに知ってもらいたいのです．本書では，化学の基礎を丁寧に解説し，読者が化学にどっぷりとハマるきっかけになるようにサポートします．

　筆者は以前，高専で教鞭を執っており，化学になじみの薄い生徒でも理解できるような教材をつくり続けてきました．本書も同様に，わかりやすさを重視して作成しています．原子構造，電子配置，化学結合，立体化学，そして化学熱力学に焦点を当てた 5 章構成となっており，とくに「わかる瞬間」を大事にしています．理解できた瞬間，化学の世界が一気に広がる感覚を実感していただけるでしょう．

　筆者自身も学部生のころ，エンタルピーやエントロピーの概念に悩まされました．とくに，大学受験で学んだ熱化学方程式が日本国内のみで使われる特殊な計算方法であると大学の講義で知ったときのショックは，いまでも鮮明に覚えています……．このような経験から，本書がみなさんにとっても，難しさを感じる部分を乗り越える手助けになればと願っています．

　本書で扱う内容は，学部初年次だけでなく，研究室に所属して本格的に研究が始まったさいにも役立つ基礎知識です．研究という実践の場で本書を再び手に取

り，「結果と考察」の理解を深めてほしいと思います．その過程で，化学という学問の奥深さと面白さに気づいていただけるでしょう．

本書の「使い方」の特徴として，各章の目次に YouTube 動画の QR コードを付けています．この QR コードは「リダイレクトリンク」を使用しており，つねに最新の解説動画を視聴できる仕組みになっています．また，各章の末尾には「選択問題」をつけています．本書の内容をしっかり理解していれば解ける問題ばかりです．もし答がわからなければ，記載された該当ページを読み直し，コスパとタイパを最大限に活用して理解を深めてください．わからない場合は，ぜひ YouTube 動画のコメント欄に質問してくだされば，回答いたします．また，立体化学を理解するためのツールとして，HGS 分子構造模型についても詳しく解説しています．実際に手を動かしながら理解を深めることで，知識がより確実に定着するでしょう．

さらに，本書で扱う 5 つの単元は，大学院試験でもよく出題される重要な内容です．この本を通じて得られる知識は，将来の学術的成功のための強力な基盤となります．しっかりと学び，応用力を身につけてください．

最後に，本書の作成にあたって多くの方々の協力がありました．「リダイレクトリンク」などさまざまな提案・協力をしてくれた佐々木涼氏，学生目線で多くの貴重な意見を述べてくれた須田理華子氏，山口莉音氏，そして研究室を盛り上げ，研究・教育・地域貢献に協力してくれている所属学生の松井誠実氏，大川諒輔氏，花谷明信氏，瀬沼愛佑梨氏，吉野暖人氏，宇佐環樹氏，上村真大氏，阿部真弓氏，佐藤匠氏，沖口陸氏，板倉誠氏に心から感謝いたします．また，学問の面白さを伝えるために本書の上梓に向けて推敲・校正に辛抱強くお付き合いくださった丸善出版株式会社の小畑氏，小野氏，これまでの授業でさまざまな疑問や感想を述べ，ブラッシュアップに貢献してくれた多くの学生諸君にも感謝の意を表します．

2024 年 9 月

友野　和哲

# 目　　　次

## 第1章　原子と電子：化学の始まり ———————————— 1

1.1　原 子 核 と 電 子　▶　1

1.2　原子番号と原子量の並び方とその例外　▶　3

1.3　周期表の成立ちと周期律　4

　　1.3.1　電子殻と原子軌道の関係　▶　5

　　1.3.2　原子軌道と量子数　6

　　1.3.3　四つの量子数とその関係　▶　6

　　1.3.4　原子軌道への電子の収容ルール　▶　9

1.4　電 子 配 置　▶　12

　　1.4.1　最外殻電子数の "8" と "18" とは？　▶　12

　　1.4.2　ハロゲン（陰イオン）の電子配置と安定理由　13

　　1.4.3　陽イオンの電子配置とその電子の抜け方　14

　　1.4.4　ランタノイドとアクチノイドの電子配置　14

　　1.4.5　価電子と原子価殻　▶　15

　　1.4.6　特殊な電子配置 $d^4$ と $d^9$ でルールが外れる理由　▶　17

1.5　有効核電荷と原子とイオンの半径の規則性　18

　　1.5.1　有効核電荷としゃへい効果とスレーター則　▶　19

　　1.5.2　原子半径の周期律　▶　20

　　1.5.3　イオン半径の周期律　▶　22

演 習 問 題　24

## 第2章　電子の相互作用が導く原子特性 ———————————— 27

2.1　イオン化エネルギーとジグザグの謎　▶　27

2.2　電子親和力（典型元素と遷移元素）のジグザグする理由　▶　30

2.3　イオン化エネルギーと電子親和力のエネルギー差　▶　33

2.4　電気陰性度の考え方　▶　34

　　2.4.1　電気陰性度とその定義　34

　　2.4.2　電気陰性度で考える極性と双極子モーメントと分極の見分け方　36

　　2.4.3　双極子モーメントと分極の表記方法について　39

iv 目 次

2.5 化学結合と分子間力 40

2.5.1 電気陰性度で読み解く化学結合と結晶分類 ▶ 40
2.5.2 分子間力（ファンデルワールス力）：双極子と沸点の関係 ▶ 42
2.5.3 水素結合：なぜ第2周期だけ水素結合があるのか ▶ 45

演 習 問 題 47

# 第3章 電子の軌道とエネルギー準位：化学結合の形成過程 —— 49

3.1 発光スペクトルと離散的（とびとび）な値 49

3.2 エネルギー準位 50

3.3 分子の電子式とルイス構造式（点電子構造式） ▶ 51

3.3.1 不対電子と共有電子対と非共有電子対 51
3.3.2 ルイス構造の書き方と形式電荷の考え方 52
3.3.3 オクテット則に従わない分子構造 54

3.4 VSEPR則による占有度と分子の立体構造 ▶ 55

3.5 原子価結合法（VB法）による化学結合の理解 ▶ 61

3.5.1 原子軌道の重なりによる分子軌道 61
3.5.2 原子価結合法の弱点 64

3.6 混成軌道と分子の形 ▶ 65

3.6.1 混成軌道の形成 65
3.6.2 $sp^3$ 混成軌道 66
3.6.3 $sp^2$ 混成軌道と sp 混成軌道 67
3.6.4 d 軌道が関与する混成軌道とその背景 69
3.6.5 遷移金属錯体の d 軌道の縮退と分裂について 70

3.7 分子軌道法（MO法） ▶ 72

3.7.1 分子軌道と LCAO-MO 近似 72
3.7.2 エネルギー図（結合性軌道と反結合性軌道）と結合次数 75
3.7.3 等核二原子分子と s-p 混合（s-p mixing） ▶ 80
3.7.4 異核二原子分子 ▶ 84

演 習 問 題 88

# 第4章 分子の立体化学：立体構造と性質の相関を探る ———— 91

4.1 立体化学を学ぶ意義：サリドマイド 91

4.2 異 性 体 の 分 類 92

4.3 立体異性体でよく使う "破線-くさび形" 表記法と共通項目 93

4.3.1 破線-くさび形表記 ▶ 93

目　　次　　v

　　　　4.3.2　六員環のいす形と舟形と置換基のアキシアル位とエクアトリアル位　94

　4.4　立体配置異性体　95
　　　　4.4.1　有機化合物のシス-トランス表記　▶　95
　　　　4.4.2　金属錯体のシス-トランスおよびアキシアルとエクアトリアル　▶　96
　　　　4.4.3　トランス効果による反応速度への影響　▶　98

　4.5　CIP 順位則の考え方と E/Z 表記法　▶　100
　　　　4.5.1　CIP 順位則の考え方　100
　　　　4.5.2　E / Z 表記法　101
　　　　4.5.3　R/S 表記法とキラルとアキラルな分子　▶　102

　4.6　鏡像異性体（エナンチオマー）とジアステレオマー　▶　104
　　　　4.6.1　不斉中心（点）　▶　104
　　　　4.6.2　軸　不　斉　▶　105
　　　　4.6.3　面　不　斉　▶　106
　　　　4.6.4　ら せ ん 不 斉　▶　107
　　　　4.6.5　ジアステレオマーとメソ化合物　▶　108
　　　　4.6.6　Δ（デルタ）体と Λ（ラムダ）体　▶　110
　　　　4.6.7　fac 体と mer 体　▶　111
　　　　4.6.8　C / A 表 記 法　▶　112

　4.7　ラ　セ　ミ　体　113
　　　　4.7.1　結晶化法（ジアステレオマー塩分割法）　114
　　　　4.7.2　H P L C 法　▶　115
　　　　4.7.3　速　度　論　法　116

　4.8　立体配座異性体　118
　　　　4.8.1　ニューマン投影式　▶　119
　　　　4.8.2　アンチペリプラナー配座と脱離（E2）反応　122
　　　　4.8.3　フィッシャー投影式　▶　124
　　　　4.8.4　フィッシャー投影式での R/S 表記と R/S 変換　124
　　　　4.8.5　D / L 表 記 法　125
　　　　4.8.6　ハース投影式とグルコース　▶　127

　4.9　HGS 分子構造模型を用いた立体化学の理解　▶　130

　演　習　問　題　135

## 第 5 章　熱化学の基礎：エンタルピー，エントロピー，ギブズエネルギーの役割 ———— 139

　5.1　熱というエネルギー　140
　5.2　内部エネルギー変化　▶　141

vi　　目　　　次

　　　5.2.1　気体の膨張仕事　142

　5.3　エンタルピーという熱：定圧下での熱　▶　143

　　　5.3.1　発熱反応と吸熱反応　▶　144

　5.4　反応の自発と非自発　▶　145

　　　5.4.1　物質とエネルギーの自発的な分散　146

　5.5　エントロピー　▶　147

　　　5.5.1　エントロピーとは　147

　5.6　可逆過程と不可逆過程　150

　5.7　自発性を判断する関数：ギブズエネルギー　▶　150

　　　5.7.1　ギブズエネルギー　▶　150

　　　5.7.2　ギブズエネルギーの導出　153

　5.8　エンタルピーとエントロピーと系と外界を理解する　▶　156

　　　5.8.1　エントロピーで自発性を確認　157

　　　5.8.2　ギブズエネルギーの自発性を理解　159

　演　習　問　題　160


　参　考　文　献　163

　索　　　引　165


▶ マークは筆者の YouTube チャンネル「とものラボ 楽単チャンネル」に解説動画があることを示す．「リダイレクトリンク」により，つねに最新の動画を視聴できます．

# 第1章

# 原子と電子：化学の始まり

　原子構造や電子配置を理解することは，化学を学ぶうえで基盤となる知識である．この知識を背景として，物質の性質や反応のメカニズムを予測・説明できるようになる．たとえば，電子配置を知ることで，原子同士がどのように結合して分子を形成するかを理解し，化学反応の進行や結果を予測する力がつく．この結合による反応性の知識は，材料の設計，新薬の開発，環境保護など，幅広い応用分野で不可欠である．

## 1.1 原子核と電子 ▶

◀ **本節を読んでできるようになること** ▶
・原子の構造がわかり，同位体について理解する．

　私たちの体もスマートフォンも，すべての物質は原子から構成されている．原子は，小さく負に帯電した電子に囲まれた原子核からなる（図1.1）．原子に対して，原子核は1万分の1のサイズである．たとえば，原子一つの大きさを東京ドームまで拡大したとしても，原子核はパチンコ玉ほどの大きさにしかならない．また，原子核は正電荷を帯びた陽子と電荷をもたない中性子からなる．唯一の

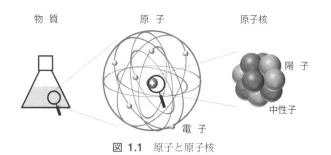

図 1.1　原子と原子核

2   第1章　原子と電子：化学の始まり

例外として，ほとんどの水素は陽子のみで原子核が構成されている．**原子核に含まれる陽子の数は原子番号とよばれ，各原子の性質を示す非常に大切な数字**である．

　原子は，陽子のもつ正電荷と電子のもつ負電荷が打ち消し合うため電気的に中性である（電荷補償）．つまり，原子核に含まれる正電荷の陽子と原子に含まれる電子は同じ数である．また，原子の質量は陽子数と中性子数の総和である質量数で表せる．これは陽子と中性子の質量はほぼ等しく，電子の質量は原子核に対しておよそ 1840 分の 1 と小さいためである．同じ原子番号（陽子数）の原子でも原子核に含まれる中性子数が異なることがある．原子番号は同じだが，中性子数の違いで質量数が異なる原子が存在する．**このように原子番号が同じで質量数の異なる原子を互いに同位体（isotope）という**．isotope（同位体）の語源は，ギリシャ語の *isoz*（同じ）と *topoz*（場所）に由来しており，周期表において "同じ場所にある ＝ 原子番号が同じ" ことを意味している．水素の同位体の例を表 1.1 に示す．同位体種によっては原子の名称が変わるときがある．なお，現時点では日本をはじめ米国などにおいて，七重水素までが合成されている．これらの一つの陽子の数に対して過剰な中性子の数は，合成後すぐに中性子を放出して分解することが報告されている[1.1]．

表 1.1　水素の同位体とその性質

| 名　称 | 軽水素 プロチウム | 重水素 デューテリウム | 三重水素 トリチウム |
|---|---|---|---|
| 陽子数 | 1 | 1 | 1 |
| 中性子数 | 0 | 1 | 2 |
| 質量数 | 1 | 2 | 3 |
| 天然存在度 | 0.999 885 | 0.000 115 | 0 |

　さて，高等学校の "化学基礎" "化学" の教科書や参考書に必ず掲載されている周期表は原子番号（＝ 陽子の数）の順番に並んでいる．1 番目の水素（H）から 20 番目のカルシウム（Ca）までを "水兵 リーベ" ではじまる語呂合わせで覚えた方も多いだろう．

　周期表は，陽子数が一つ増えるにつれ，水素，ヘリウム（He），リチウム（Li）と順番に並んでいく．これら原子番号と質量数と元素記号は，図 1.2（a）のように記載する．また，図 1.2（b）のように元素記号の真下に "39.95" という数字を記載する方法もあり，この数字は "原子量" を示す．

図 1.2 原子番号・質量数・原子量を併記した原子記号の記載方法

## 1.2 原子番号と原子量の並び方とその例外

◀ **本節を読んでできるようになること** ▶
・原子量の計算方法と同位体存在度を理解する.

　教科書などの周期表は，図 1.2 (b) の表記であることがほとんどである. 当然, 原子番号（陽子数）順に増えるように並んでいるが，**原子量をみると順番通りに増えていないところがある**. 表 1.2 には, 原子量の順番が入れ替わっている 4 個所 ①〜④ を示した.

表 1.2 原子番号に対して原子量が順に増えていない元素の並び

| | 原子番号 | 元素記号 | 原子量* | 原子番号 | 元素記号 | 原子量* |
|---|---|---|---|---|---|---|
| ① | 18 | Ar（アルゴン） | 39.95 | 19 | K（カリウム） | 39.10 |
| ② | 27 | Co（コバルト） | 58.93 | 28 | Ni（ニッケル） | 58.69 |
| ③ | 52 | Te（テルル） | 127.6 | 53 | I（ヨウ素） | 126.9 |
| ④ | 90 | Th（トリウム） | 232.0 | 91 | Pa（プロトアクチニウム） | 231.0 |

＊ 原子量は原子量表 2023（日本化学会 原子量専門委員会）の 4 桁原子量を参照.

　原子番号順に並んでいる周期表の中で, 原子量の順番が入れ替わる理由は同位体が関係する. 周期表から炭素（C）の陽子数は "6" である. 陽子数（6）と同数の中性子数（6）が含まれることが多いので, 炭素の質量数は "6 + 6 = 12" と考えられる. 炭素の同位体は, 炭素 8（陽子 6 個と中性子 2 個）から炭素 22（陽子 6 個と中性子 16 個）までの 15 種類が知られている. そのうち安定して地球上に存在するのは炭素 12（陽子 6 個と中性子 6 個）と炭素 13（陽子 6 個と中性子 7 個）の 2 種類である. これらの同位体存在度は, それぞれ 98.93 %（炭素 12）と 1.07 %（炭素 13）である. 炭素を例にすると, 地球上の炭素の 98.93 % が炭素 12 であり, 炭素 13 が 1.07 % である. 炭素 12 と炭素 13 の相対質量をそれぞ

4 第1章 原子と電子：化学の始まり

れ 12.00 と 13.00 とする．この炭素の原子量は以下のように求められる．

$$原子量 = 12.00 \times \frac{98.93}{100} + 13.00 \times \frac{1.07}{100} ≒ 12.01$$

　原子量とは，**"同位体存在度"** を考慮した加重平均質量の値であることがわかる．そのため，同位体存在度によっては質量数の順番が入れ替わることがある．表 1.3 には，質量数の順番が入れ替わるアルゴン（Ar）とカリウム（K）の相対質量と同位体存在度を示した．腕試しとして計算してほしい．計算結果は，アルゴンが "39.9854"，カリウムが "39.13472" となる．

表 1.3　アルゴンとカリウムの相対質量と同位体存在度（%）

| 原子番号 | 元素記号 | 相対質量* | 同位体存在度（%）* |
|---------|---------|----------|------------------|
| 18 | Ar | 36 | 0.3336 |
| | | 38 | 0.0629 |
| | | 40 | 99.6035 |
| 19 | K | 39 | 93.2581 |
| | | 40 | 0.0117 |
| | | 41 | 6.7302 |

＊　各数値は原子量表 2023（日本化学会 原子量専門委員会）の元素の同位体組成表を参照．

## 1.3　周期表の成立ちと周期律

◀ **本節を読んでできるようになること** ▶
・電子殻と原子軌道の関係を理解する．
・四つの量子数および電子の収容ルールを理解する．

　1869 年，ドミトリー・メンデレーエフ（Dmitry Mendeleev）は，元素をその原子質量の増加順に配置したところ，類似した性質をもつ元素が定期的に繰り返されることに気がつき，表に示した．メンデレーエフは，この表によって，未知の元素を予測し，当時知られていなかったガリウム（Ga），スカンジウム（Sc），ゲルマニウム（Ge）の存在を予言した．その後，これらの元素が実際に発見されたことでも注目された．原子構造の理解が進むにつれ，**周期表は "電子配置"に基づくものに発展**した．ヘンリー・モーズリー（Henry Moseley）によって

1913年に提唱された原子番号は，元素を"電子の配置"に従って整理する新たな手法を提供した．これにより，元素の周期的な性質がより明確に理解され，教科書に掲載されている現代的な周期表が確立された．現代の周期表は，原子番号に基づいて元素を配置し，電子の配置や周期的な性質が"視覚的"にわかるようになっている．

さて，周期表は，中央が凹んだ形になっている．この中央が凹んだ形になる理由については，"電子殻"と"原子軌道"の関係を理解した後，電子配置の四つのルール"電子殻と原子軌道"，"構成原理"，"パウリの排他原理"，"フントの規則"を学ぶ必要がある．

## 1.3.1 電子殻と原子軌道の関係 ▶

高等学校の化学基礎"物質の構成と化学結合"では，電子は電子殻とよばれる層に分かれて存在すると学んだ．電子殻は内側からK殻，L殻，M殻，N殻……とよばれ，内側から$n$番目の電子殻には最大$2n^2$個の電子が入る．電子は安定な内側の電子殻から収容される．それぞれの電子殻に最大数の電子が入った状態を"閉殻"とよび，閉殻構造は安定な電子配置と考えることができる(表1.4)．

表1.4 電子殻と最大収容電子数

|  | K殻 | L殻 | M殻 | N殻 |
|---|---|---|---|---|
| $2n^2$ | $n=1$ | $n=2$ | $n=3$ | $n=4$ |
| 最大収容電子数 | 2 | 8 | 18 | 32 |

電子殻と最大収容電子数の関係から，各原子に"電子配置"を考えることができる．たとえば，原子番号1の水素は一つの電子を収容できるので，水素の電子配置はK(1)と書くことができる．原子番号3のリチウムは三つの電子を収容できる．表1.4の通り，K殻は2個の電子が最大収容数なので，3個目の電子はL殻に収容され，リチウムの電子配置はK(2)L(1)となる．同様にして，貴ガス原子であるヘリウムやネオン（Ne）の電子配置を書くと，K(2)とK(2)L(8)であり，K殻やL殻の最大収容数を満たした閉殻構造となっていることがわかる．貴ガス元素は閉殻構造になることからも，化学的に不活性で安定な元素である．ネオンの次の原子であるナトリウム（Na）の電子配置はK(2)L(8)M(1)である．ネオンはL殻の最大収容電子数8を満たしているので，ナトリウムがもつ11番

目の電子は M 殻に収容される．ネオンの次の貴ガス原子である原子番号 18 のアルゴンの電子配置は K(2)L(8)M(8) である．

ここまでは，電子殻に対する電子の入り方は規則的であるが，原子番号 19 のカリウムからその規則が破られる．表 1.4 からも M 殻の最大収容電子数は 18 にもかかわらず，19 番目のカリウムの電子配置は，K(2)L(8)M(8)N(1) となり，**M 殻の収容子数 18 を満たす前に N 殻に電子が収容される**．次のカルシウム（Ca）の 20 番目の電子も M 殻に収容される．しかしながら，21 番目のスカンジウムの電子は，N 殻ではなく M 殻に電子が収容され電子配置は K(2)L(8)M(9)N(2) となる（表 1.5）．この "**M 殻に電子が収容されるときと収容されないとき**" の疑問を解決するには副殻ともいわれる "原子軌道" を学ぶ必要がある．

表 1.5 各原子の電子殻と電子配置

| 電子殻<br>最大収容電子数 | K<br>2 | L<br>8 | M<br>18 | N<br>32 | 電子殻<br>最大収容電子数 | K<br>2 | L<br>8 | M<br>18 | N<br>32 |
|---|---|---|---|---|---|---|---|---|---|
| 水素（H） | 1 | | | | ナトリウム（Na） | 2 | 8 | 1 | |
| ヘリウム（He） | 2 | | | | マグネシウム（Mg） | 2 | 8 | 2 | |
| リチウム（Li） | 2 | 1 | | | アルミニウム（Al） | 2 | 8 | 3 | |
| ベリリウム（Be） | 2 | 2 | | | ケイ素（Si） | 2 | 8 | 4 | |
| ホウ素（B） | 2 | 3 | | | リン（P） | 2 | 8 | 5 | |
| 炭素（C） | 2 | 4 | | | 硫黄（S） | 2 | 8 | 6 | |
| 窒素（N） | 2 | 5 | | | 塩素（Cl） | 2 | 8 | 7 | |
| 酸素（O） | 2 | 6 | | | アルゴン（Ar） | 2 | 8 | 8 | |
| フッ素（F） | 2 | 7 | | | カリウム（K） | 2 | 8 | 8 | 1 |
| ネオン（Ne） | 2 | 8 | | | カルシウム（Ca） | 2 | 8 | 8 | 2 |
| | | | | | スカンジウム（Sc） | 2 | 8 | 9 | 2 |

### 1.3.2 原子軌道と量子数

原子軌道とは，原子核の周りに存在する電子の存在する確率が高い領域を立体的に表したものである．これは，量子力学的な考え方に基づいており，電子が特定のエネルギー状態にあり，そのエネルギー状態を表すための領域である．

### 1.3.3 四つの量子数とその関係 ▶

原子軌道は，主量子数（$n$），方位量子数（$l$），磁気量子数（$m_l$）によって特徴

づけられ，それぞれ軌道の大きさとエネルギー，形状，方向を決定する．先の電子殻（K 殻や L 殻など）は主量子数によって区別され，主量子数の数が大きいほど，電子殻は原子核から離れた位置（K 殻→L 殻）をとる．つまり，主量子数が大きいほど，軌道は大きく，エネルギーが高くなる（不安定化）ことを意味する．これら三つの量子数は電子の存在する領域を示すが，主量子数（$n$），方位量子数（$l$），磁気量子数（$m_l$）の間には以下の関係がある．

- **主量子数（$n$）：軌道の大きさとエネルギー**

$n$ は自然数をとり，それぞれの数字に対応した"電子殻"の名称がつけられている．数字が大きくなるほど，軌道の大きさも大きくなる．

$$n = \quad 1, \quad 2, \quad 3, \quad 4, \quad \cdots\cdots$$
$$\quad\quad\text{K 殻}\;\;\text{L 殻}\;\;\text{M 殻}\;\;\text{N 殻}$$

- **方位量子数（$l$）：軌道の形状**

$l$ は主量子数 $n$ に依存しており，電子軌道の形を表す．$n$ の値によって"$l$"の値が決まる．

$$l = \quad 0, \quad 1, \quad 2, \quad \cdots\cdots \quad (n-1)$$
$$\quad\text{s 軌道}\;\;\text{p 軌道}\;\;\text{d 軌道}$$

$n = 1$ のとき，$l$ は "0" のみだが，$n = 2$ のとき，$l$ は "0" と "1" をとることができる．また，$l$ の数字にはそれぞれの"軌道"があてられている（図 1.3）．

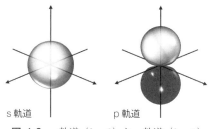

**図 1.3** s 軌道（$l = 0$）と p 軌道（$l = 1$）

- **磁気量子数（$m_l$）：軌道の方向**

$m_l$ は $l$ に依存しており軌道の方向を表す．磁場により軌道の $z$ 軸周りの角運動量（回転方向）の大きさによって軌道方向が分離される．$m_l$ は $m_l = 0, \pm 1,$

±2，……±l で合計（2l + 1）個の関係がある．l が 0 のとき，$m_l$ は "0" の 1 通りのみだが，l が 1 のとき，$m_l$ は "0" と "±1" の 3 通りとなる．s 軌道（l = 0）は球体のため，z 軸周りに動かしても軌道の向きに変化はないので 1 通りだが，p 軌道は z 軸周りに動かすことで，3 種類の p 軌道が考えられる（図 1.4）．同様にして，d 軌道は 5 種類，f 軌道は 7 種類が存在する．

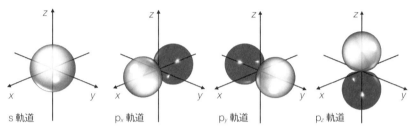

図 1.4　s 軌道と 3 種類の p 軌道

このような関係となる理由は，本書では紙面の都合上取り扱わないが "量子力学" "量子化学" などの教科書に記載がある．また，**電子自身にもスピン磁気量子数（$m_S$）がある**．原子の電子配置における電子スピンの方向を表す状態数で，＋1/2 と －1/2 の 2 種類の値をもつ．

電子殻とこれら量子数の関係を表 1.6 と図 1.5 に示す．先に示したように，p 軌道や d 軌道は複数存在するが，電子が入る前の軌道は方向性によらず同じエネルギー（エネルギー準位，energy level）である．このエネルギー準位が等しい状態を "縮重（縮退）" という．

表 1.6　電子殻と原子軌道の関係

|  |  | l = 0 | l = 1 |  |  | l = 2 |  |  |  |  | l = 3 |
|---|---|---|---|---|---|---|---|---|---|---|---|
| K 殻 | n = 1 | 1s |  |  |  |  |  |  |  |  |  |
| L 殻 | n = 2 | 2s | 2p |  |  |  |  |  |  |  |  |
|  |  |  | $p_x$ | $p_y$ | $p_z$ |  |  |  |  |  |  |
| M 殻 | n = 3 | 3s | 3p |  |  | 3d |  |  |  |  |  |
|  |  |  | $p_x$ | $p_y$ | $p_z$ | $3d_{x^2-y^2}$ | $3d_{z^2}$ | $3d_{xy}$ | $3d_{yz}$ | $3d_{zx}$ |  |
| N 殻 | n = 4 | 4s | 4p |  |  | 4d |  |  |  |  | 4f |
|  |  |  | $p_x$ | $p_y$ | $p_z$ | $4d_{x^2-y^2}$ | $4d_{z^2}$ | $4d_{xy}$ | $4d_{yz}$ | $4d_{zx}$ | 7 種 |

1.3 周期表の成立ちと周期律　　9

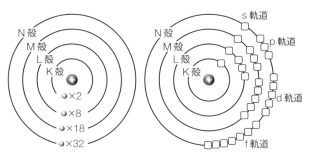

**図 1.5**　ボーアの原子モデルを参考にした電子殻と原子軌道の関係

### 1.3.4　原子軌道への電子の収容ルール ▶

ここで，電子が軌道に収容されるさいの三つのルールについて解説する．

**電子の収容ルール**

① **構成原理**：電子は**エネルギー準位が低い原子軌道から先に収容**される（図1.6）．電子殻がより内殻の原子軌道で，軌道の形が単純なほどエネルギー準位が低くなる．図1.6では，左上であればあるほどエネルギー準位が低くなるので，電子の入る順番は，1s→2s→2p→3s→3p→4s→3d→4p→5s……となり，図1.6の"矢印"の順に電子が軌道に収容される．このとき，電子軌道のエネルギー準位は3d軌道よりも4s軌道のほうが低く，3d軌道よりも先に4s軌道に電子が収容される点に注目してほしい．

② **パウリの排他原理**：軌道の形や方向に関係なく，一つの軌道には2個の電

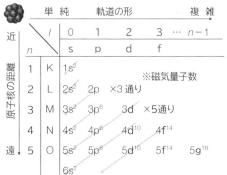

**図 1.6**　電子の入り方

10 　第1章　原子と電子：化学の始まり

子が収容される．3種類の方向があるp軌道では，各p軌道に2個ずつ電子が入るので，合計6個の電子を収容することができる．これは図1.6に示しているように"$p^6$"と書かれる．s軌道は1種類でd軌道は5種類あるので，それぞれ"$s^2$"と"$d^{10}$"となる．また，電子には，スピンという特性がある．これはスピン磁気量子数（$m_S$）で表され"$+1/2$"と"$-1/2$"の2通りしかない．この二つの向きはそれぞれ上向きスピン（アップスピン）あるいは下向きスピン（ダウンスピン）という．**同じ軌道に二つの電子が入るとき，電子スピンが互いに逆方向（アップとダウン）になるように収容**される．

③ **フントの規則**：同エネルギーの軌道がある場合，**電子はそれぞれの軌道に1個ずつ入って不対電子になろうとする**．たとえば，3種類のp軌道は同じエネルギー準位になるので，3個の電子があるときは，それぞれの軌道に1個ずつ電子が入る．4個の電子があるときは，3種類のp軌道に各1個ずつ収容された後に，4個目の電子は，すでに1個の電子が収容された軌道に，スピンが互いに逆方向になるように入る．このように，一つの電子軌道で互いに逆向きに収容された2個の電子を電子対という．電子軌道で対とならず一つだけ電子が存在することを不対電子という．このため，p軌道の3番目までは，電子のスピン方向を反転して電子対をつくるより，**電子のスピンを同じ向きにそろえて入ったほうが効率がよい**と考える．上記のようにフントの規則にならって，3種類のp軌道に各1個ずつ収容された状態を"半閉殻"といい，p軌道に各2個ずつ収容され，すべて電子で埋まった"閉殻"に続いて安定な状態である．p軌道であれば1個ずつ電子が入って，ちょうど半分の"$p^3$"を，d軌道であれば5種類あるので"$d^5$"が半閉殻となる．この半閉殻や閉殻構造が電子を収容するさいに重要な意味をもつ．

　この三つのルールに従って電子を1個ずつ増やしていくと表1.7が完成する．表1.5と比較しながら読み進めてもらいたい．18番目のアルゴンの電子配置は$K^2L^8M^8$であった．この配置を，原子軌道の電子配置で示すと$1s^22s^22p^63s^23p^6$となる．では，電子1個が増えた19番目のカリウムの原子軌道の電子配置を考える．3p軌道が満たされた後，次に電子が入る低いエネルギー準位は"3d軌道"ではなく"4s軌道"であった（構成原理＆図1.6）．そのため，M殻の最大電子収容数18を満たす前に，N殻の4s軌道に電子が入るのである．これが，先に述べた**"カリウムではM殻（3s，3p，3d）の最大電子数を満たす前にN殻（4s）**

に電子が入り始める"理由である. また, 4s軌道には電子が最大で2個しか入らないので, 21番目のスカンジウムの電子は, "3d軌道"に電子が入り始めるため, 電子殻で考えるとM殻の電子がまた増え始める. 電子殻（K殻, L殻など）で考えるとわからないことも, 原子軌道（s軌道など）で考えると, 電子の収容ルールを明快に説明できる.

**表 1.7** 原子軌道に電子を収容する場合

| 電子殻 | K | L | | | | M | | | | | | | | | N | | | | | |
|---|---|---|---|---|---|---|---|---|---|---|---|---|---|---|---|---|---|---|---|---|
| 最大電子数 | 2 | 8 | | | | 18 | | | | | | | | | 32 | | | | | |
| | 1s | 2s | 2p | 2p | 2p | 3s | 3p | 3p | 3p | 3d | 3d | 3d | 3d | 3d | 4s | 4p | 4p | 4p | 4d×5 | 4f×7 |
| 塩素（Cl） | 2 | 2 | 2 | 2 | 2 | 2 | 2 | 2 | 1 | | | | | | | | | | | |
| アルゴン（Ar） | 2 | 2 | 2 | 2 | 2 | 2 | 2 | 2 | 2 | | | | | | | | | | | |
| カリウム（K） | 2 | 2 | 2 | 2 | 2 | 2 | 2 | 2 | 2 | | | | | | 1 | | | | | |
| カルシウム（Ca） | 2 | 2 | 2 | 2 | 2 | 2 | 2 | 2 | 2 | | | | | | 2 | | | | | |
| スカンジウム（Sc） | 2 | 2 | 2 | 2 | 2 | 2 | 2 | 2 | 2 | 1 | | | | | 2 | | | | | |
| チタン（Ti） | 2 | 2 | 2 | 2 | 2 | 2 | 2 | 2 | 2 | 1 | 1 | | | | 2 | | | | | |
| バナジウム（V） | 2 | 2 | 2 | 2 | 2 | 2 | 2 | 2 | 2 | 1 | 1 | 1 | | | 2 | | | | | |
| クロム（Cr）* | 2 | 2 | 2 | 2 | 2 | 2 | 2 | 2 | 2 | 1 | 1 | 1 | 1 | | 2 | | | | | |
| マンガン（Mn） | 2 | 2 | 2 | 2 | 2 | 2 | 2 | 2 | 2 | 1 | 1 | 1 | 1 | 1 | 2 | | | | | |
| 鉄（Fe） | 2 | 2 | 2 | 2 | 2 | 2 | 2 | 2 | 2 | 2 | 1 | 1 | 1 | 1 | 2 | | | | | |
| ⟨ | | | | | | | | | | | | | | | | | | | | |
| 銅（Cu）* | 2 | 2 | 2 | 2 | 2 | 2 | 2 | 2 | 2 | 2 | 2 | 2 | 2 | 1 | 2 | | | | | |
| 亜鉛（Zn） | 2 | 2 | 2 | 2 | 2 | 2 | 2 | 2 | 2 | 2 | 2 | 2 | 2 | 2 | 2 | | | | | |
| ガリウム（Ga） | 2 | 2 | 2 | 2 | 2 | 2 | 2 | 2 | 2 | 2 | 2 | 2 | 2 | 2 | 2 | 1 | | | | |

\*　**表に記載のクロムと銅の電子配置は異なる**. 後述する"特殊な電子配置"を参照のこと.

　改めて, 原子軌道の入る順番は, 1s→2s→2p→3s→3p→4s→3d→4p→5s……である. 1s軌道には2個の電子, 2s軌道にも2個の電子, 2p軌道には6個の電子のように, 電子が最後に入った原子軌道を箱として順番に並べていくと, 周期表と同じ形になることがわかる（図1.7）. つまり, 周期表とは先のルールに従って原子軌道に1個ずつ電子を収容して並べたものであることがわかる. なお, 5d軌道と4f軌道の電子の入り方としては, 原子核からも遠く両軌道とも複雑な軌道の形をしているために, 一義的に順番通り電子が入らなくなる. この原子軌道付近は, 5d軌道に電子が1個入った後, 4f軌道に順に電子が収容される. そのため, 周期表の"欄外下"にランタノイドとアクチノイドが15個（5d¹の1個とf軌道の14種類）並ぶことになる. この"欄外にある理由"については後

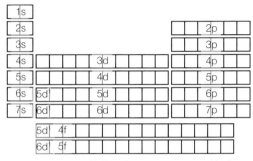

図 1.7 原子軌道に電子を入れたときの並び

述する．

　なお，周期表の縦方向は最外殻電子配置がそろっている．たとえば，アルカリ金属は "$s^1$"，アルカリ土類金属は "$s^2$"，ハロゲンは "$s^2p^5$"，貴ガスは "$s^2p^6$" である．最外殻電子配置がそろうことは原子の性質が縦方向で類似性を示すことを意味する．

## 1.4 電子配置

◀ 本節を読んでできるようになること ▶

・原子とイオンの最外殻電子配置を理解する．
・オクテット則（8 電子則）と 18 電子則の計算方法を理解する．
・$d^4$ と $d^9$ が特殊な電子配置をとる理由を理解する．

### 1.4.1 最外殻電子数の "8" と "18" とは？

　電子の収容ルールを考慮すると，原子がとり得る最外殻電子配置は "8 種類" のみである．水素は $1s^1$，ヘリウムは $1s^2$ であり，3 番目のリチウムは $1s^22s^1$ である．水素とリチウムは周期表でも同族元素に分類されることからも同じ最外殻の電子配置 "$s^1$" と分類できる．同様に，アルカリ土類金属は，"$s^2$" である．ホウ素 (B) は $1s^22s^22p^1$ となり "$s^2p^1$" となる．次の炭素は "$s^2p^2$"，ハロゲンであるフッ素 (F) は "$s^2p^5$"，貴ガスであるネオンは "$s^2p^6$" である．一方，遷移元素であるスカンジウムの電子配置は $1s^22s^22p^63s^23p^63d^14s^2$ であり，最後に 3d 軌道に電子が入るが，3d 軌道は最外殻ではなく，最外殻は N 殻の "$s^2$" である．つまり，

遷移元素の d 軌道の電子は順に増えていくが，電子が増えても最外殻の電子配置は "$s^2$" のままである．このため，各周期の遷移元素の "原子" は，同じ最外殻の電子配置をとる同周期のアルカリ土類と性質が似ているといわれる．さて，原子のとり得る最外殻電子配置は，以下の 8 種類となる．最外殻電子数の一致は性質の類似性と関連することからも "原子" の性質は 8 種類に分類できるとも考えられる．

**"原子" がとり得る最外殻の電子配置 8 種類**

$s^1, s^2, s^2p^1, s^2p^2, s^2p^3, s^2p^4, s^2p^4, s^2p^6$

続いて，イオンのとり得る電子配置は "18 種類" となる．原子では，d 軌道は最外殻電子となり得ないが，後述する鉄イオン（$Fe^{2+}$）のように，イオンとなれば d 軌道は最外殻電子配置となり得る．つまり，イオンのとり得る最外殻電子配置は，d 電子の最大収容電子 10 種類を加えた以下の 18 種類となる．

**"イオン" がとり得る最外殻の電子配置 18 種類**

$s^1, s^2, s^2p^1, s^2p^2, s^2p^3, s^2p^4, s^2p^4, s^2p^6,$

$s^2p^6d^1, s^2p^6d^2, s^2p^6d^3, s^2p^6d^4, s^2p^6d^5, s^2p^6d^6, s^2p^6d^7, s^2p^6d^8, s^2p^6d^9, s^2p^6d^{10}$

周期表では，1,2 族および 13～18 族を "典型元素" といい，3～12 族を遷移元素という．上記の電子の収容する軌道の違いからも，"典型元素" における "典型" という言葉は，これらの元素が化学的性質の予測や学習のうえで基本的であり，代表的な性質をもつという意味で使われている．これに対して，"遷移元素" はより複雑で多様な性質をもつため "典型" とは異なる扱いを受ける．

## 1.4.2　ハロゲン（陰イオン）の電子配置と安定な理由

2023 年改訂の学習指導要領には "**塩化物イオンでは，M 殻が最大収容数の電子で満たされなくても安定に存在できる理由に触れる**" とある．多くの読者は，電子殻では "オクテット則" で理解しているだろう．これを原子軌道で考えるとさらにうまく説明できる．ハロゲン原子の電子配置は "$s^2p^5$" であり，電子が 1 個入りイオンとなることで "$s^2p^6$" の**閉殻構造**になる．M 殻の最大収容電子 18 は満たしていないが，三つの p 軌道がすべて電子で満たされた閉殻構造となるために安定に存在できると考えることができる．

14    第1章　原子と電子：化学の始まり

### 1.4.3　陽イオンの電子配置とその電子の抜け方

　これまで電子の収容ルールを学んできたが，次に電子が抜けて陽イオンになるときについて学ぶ．最初に述べるが，電子の抜け方は収容ルールと若干異なる．

**最外殻の原子軌道から電子が抜ける．**

　さて，電子の入る順番は，$1s \rightarrow 2s \rightarrow 2p \rightarrow 3s \rightarrow 3p \rightarrow 4s \rightarrow 3d \rightarrow 4p \rightarrow 5s$……であった．鉄原子（Fe）は，$4s$ 軌道に電子がすでに 2 個収容されているので，$3d$ 軌道に電子が 6 個入る．電子配置は $1s^2 2s^2 2p^6 3s^2 3p^6 3d^6 4s^2$ である（表1.7）．では，鉄原子から電子を取り除いて，鉄の陽イオンの電子配置について考える．最後に電子が入ったのは"$3d$"軌道なのだから，$3d$ 軌道から電子が抜けると考えがちだが，**最外殻の原子軌道から電子が抜ける**．つまり，"$3d$"軌道ではなく，"$4s$"軌道から電子が抜けるのである．具体的には，以下のようになる．

　1 個の電子が抜けた鉄（$Fe^+$）の 1 価の電子配置　：$1s^2 2s^2 2p^6 3s^2 3p^6 3d^6 4s^1$
　2 個の電子が抜けた鉄（$Fe^{2+}$）の 2 価の電子配置：$1s^2 2s^2 2p^6 3s^2 3p^6 3d^6$
　3 個の電子が抜けた鉄（$Fe^{3+}$）の 3 価の電子配置：$1s^2 2s^2 2p^6 3s^2 3p^6 3d^5$

　電子が抜けるときは，電子が収容されるときと異なる．そのため，スカンジウムから亜鉛（Zn）までの遷移元素は $3d$ 軌道に 1～10 までのさまざまな電子数をもつが，**最外殻である 4s 軌道（最大収容電子数は 2）から電子が抜け始めるので 2 価の陽イオンになりやすい**．順番が異なる理由としては，電子が収容される前の原子軌道のエネルギー準位と収容された後のエネルギー準位が異なるためと考えればよい．

### 1.4.4　ランタノイドとアクチノイドの電子配置

　f 軌道は最外殻電子となり得ないのだろうか．ランタノイドでありガラス研磨剤としても知られている"セリウム（Ce）"の電子配置は，$1s^2 2s^2 2p^6 3s^2 3p^6 3d^{10} 4s^2 4p^6 4d^{10} 4f^1 5s^2 5p^6 5d^1 6s^2$ である．ランタノイドやアクチノイドは d 軌道（5d や 6d）に 1 個電子が入った後，f 軌道（4f や 5f）に電子が収容され始める．f 軌道や d 軌道に電子が入っても，セリウム"原子"の最外殻電子配置は"$s^2$"である．また，セリウムの酸化数（≒電子が抜ける数）は"4，3，2"

が知られているが，いずれの酸化数でも 4f 軌道が最外殻の電子になることはない．前述したセリウムの電子配置から 4f 軌道の電子が最外殻電子となるには 5s5p5d6s の 11 個の電子を抜く必要がある．周期表は縦方向に性質が類似したものが並んでいる．つまり，ランタノイドやアクチノイドの f 軌道の電子は最外殻電子とはならないため，性質が似たものを縦方向に並べる周期表では"欄外下"に設置せざるを得ない．原子およびイオンのとり得る最外殻電子配置を考慮すると，水素からオガネソン（Og）の 118 種の元素の性質が"たった 18 種類"に分類されるのは興味深い．

　すでに，お気づきのように，電子配置を表記するのは大変で見にくい．電子配置の表記方法については 4 種類ある．① すべてを書く，② 最外殻の電子配置だけを書く，③ 最後に電子を入れた電子軌道だけを書く，④ 貴ガスを併記して書く方法である．スカンジウムの電子配置を例にして説明する．

　　① $1s^22s^22p^63s^23p^63d^14s^2$

　　② $4s^2$ or $s^2$

　　③ $d^1$

　　④ $[Ar]3d^14s^2$

これまでの説明に使ったのが ① である．② は最外殻の電子配置について，③ は最後に電子が入った軌道についての情報がわかる．ともに主量子数 $n$ の値を省略することが多い．また，④ は貴ガスを利用して ① を簡略化した表記方法である．Ar の電子配置は $1s^22s^22p^63s^23p^6$ なので，[Ar] とすることで表記を省略している．つまり，[Ne]$3s^2$ は $1s^22s^22p^63s^2$ のことであり，マグネシウム（Mg）の電子配置のことである．使い慣れてくると ④ がお勧めでである．[Ne] や [Ar] の電子配置を覚えてしまうので，① の表記でなくても困らない．

## 1.4.5　価電子と原子価殻

　さて，高校理科の"化学基礎"で学ぶ"価電子（valence electron）"にも触れておこう．価電子とは"原子がとり得る最外殻の電子配置の 8 種類"のことであり，"原子"が結合したり，"原子"がイオンになったりするときに重要なはたらきをする電子のことである．また，価電子数が同じものは性質が似てくるとも学ぶ．注意が必要とすれば，貴ガスの最外殻電子の数は"8"であるが，貴ガスは"結合したりイオンになったりしない"ので価電子の数は"0"と数える．つまり，

16　　第1章　原子と電子：化学の始まり

典型元素の場合，価電子は主量子数 $n$ がもっとも高い電子殻に存在する電子と定義される．一方，**遷移金属の価電子は少し話が違ってくる**．遷移金属の場合，最外殻に含まれない $(n-1)$ の殻に存在する d 軌道の電子が価電子として関与してくる．たとえば，コバルト原子の電子配置は $[Ar]3d^74s^2$ であるから，価電子は "9" と計算して考える．遷移金属の価電子数は後述する 18 電子則で使用する．

　原子価殻（valence shell）とは，電子の授受により化学結合を形成するためにエネルギー的に等価な軌道の組合せのことをいう．つまり，原子とイオンの最外殻電子配置のことである．典型元素では結合した各原子が共有電子を含む八つの価電子をもつことからオクテット則（8 電子則）とよばれる．同様に，遷移元素では，d 軌道の電子が結合に関与し，各原子が 18 個の価電子をもつため，18 電子則とよばれている．

### ・オクテット則（8 電子則）とは

　貴ガス元素の電子殻と電子配置を表 1.8 に示す．それぞれの最外殻の電子配置が閉殻構造であり，ヘリウムを除いて最外殻の電子配置は "8" である．これが，"具体的な理屈はわからないが，最外殻電子配置が 8 個になると原子や化合物やイオンが安定に存在する" というオクテット則の根拠の一つである．経験則であるので，カルボカチオンや無機化合物でも多くの例外を有する．

表 1.8　貴ガスの電子配置

| 原　子 | K 殻 | L 殻 | M 殻 | N 殻 | O 殻 | P 殻 |
|---|---|---|---|---|---|---|
| ヘリウム（He） | 2 | | | | | |
| ネオン　（Ne） | 2 | 8 | | | | |
| アルゴン（Ar） | 2 | 8 | 8 | | | |
| クリプトン（Kr） | 2 | 8 | 18 | 8 | | |
| キセノン（Xe） | 2 | 8 | 18 | 18 | 8 | |
| ラドン（Rn） | 2 | 8 | 18 | 32 | 18 | 8 |

### ・18 電子則とは

　遷移金属が関与する金属錯体で利用される考え方である．金属錯体とは，中心となる金属イオンとそれに配位結合した分子またはイオンからなる化合物のことを示す．また，配位結合する分子やイオンのことを配位子（ligand）ともいう．金属イオンの d 電子数と配位子から供与される電子数の合計（価電子）が "18"

のとき安定な錯体を形成しやすいという経験則がある．オクテット則と同様に，金属の電子数と配位子からの価電子数の総和が有効原子番号となり，この番号が貴ガスの原子番号と同じときに安定と考えられるという規則である．18 電子則の計算方法は，配位子および金属を中性と仮定して，

18 電子則 =（金属の価電子数）+（配位子の供与電子数）+（錯体全体の電荷）

で計算できる．

たとえば，ヘキサカルボニルクロム $[Cr(CO)_6]$ は，クロム（Cr）の電子配置は $[Ar]3d^54s^1$ となるので価電子数は "6"，2 個の電子を供与するカルボニル配位子（CO）が六つあるので "12"，錯体全体の電荷は "0" なので，総価電子数は 18 となる．このため $[Cr(CO)_6]$ は原子番号 18 のアルゴンのように安定性が高いと考えることができる．なお，18 電子則も経験則のため例外は多い．たとえば，5 族以下の d 電子が少ない遷移元素の場合，18 電子則を満たすための配位子数が多く必要となるが，立体反発により空間的に 18 電子則を満たせないために複数の金属元素を有する複核（たとえば，$[Mn_2(CO)_{10}]$）を考慮する必要がある．また，正方形型錯体を形成しやすい $d^8$ 金属では，16 電子則（たとえば，$[Ni(dmit)_2]^{2+}$）となることが多い．そして，f 軌道が関与するランタノイドとアクチノイドの有機金属錯体に対しては当然適用できない．

### 1.4.6　特殊な電子配置 $d^4$ と $d^9$ でルールが外れる理由　

第 4 周期のクロムと銅（Cu）の電子配置を電子殻と原子軌道で考えてみる（表1.7）．

クロム：K(2)L(8)M(12)N(2)，$[Ar]3d^44s^2$
銅：K(2)L(8)M(17)N(2)，$[Ar]3d^94s^2$

周期表の成立ちを理解していれば，第 4 周期 4 番目のクロムや 9 番目の銅の 3d 軌道に電子がいくつ入るかは即座にわかる．ただし，この**電子配置は間違い**である．量子論的効果というが，電子が複数存在するときに，スピンが同じ方向を向くとエネルギーが安定化する[1,2]．また，ハロゲンが安定な理由で述べたように，単独で電子が存在するより，互いに逆向きのスピンで軌道を埋めたほうが

18 第1章 原子と電子：化学の始まり

安定化することがわかっている．このように，電子の入り方が変化することでエネルギー的に安定化するのは d 軌道が中途半端に収容されている "d⁴" か "d⁹" のときに多い．正しいクロムと銅の電子配置を電子殻と原子軌道を示しながら解説する．

$$\text{クロム}：K(2)L(8)M(13)N(1)，\quad [Ar]3d^5 4s^1$$
$$\text{銅}：K(2)L(8)M(18)N(1)，\quad [Ar]3d^{10} 4s^1$$

クロムは 4s 軌道の電子が一つ少なくなり，3d 軌道の収容電子数が 5 個となり，銅は 10 個の電子が収容されている．この $d^5$ と $d^{10}$ は先にも説明したように，半閉殻構造と閉殻構造を示している．5 種類の d 軌道に対して，5 個の電子が収容されることで電子スピンが同じ方向を向きエネルギー的に安定化する．また，d 軌道に 10 個の電子がすべて互いに逆向きに収容されることでエネルギー的に安定化する．この半閉殻構造と閉殻構造の電子配置をとるのは，d 軌道に限ったことではなく，f 軌道（7 種類）や p 軌道（3 種類）においてもみることができる．この特殊な電子配置をとるために，遷移元素である金属はさまざまな価数をとりやすい．これについては，2 章のイオン化エネルギー（p.27）や電子親和力（p.30）のページを合わせて参照してもらいたい．

## 1.5　有効核電荷と原子とイオンの半径の規則性

◀ **本節を読んでできるようになること** ▶
　・有効核電荷とその計算方法（スレーター則）を理解する．
　・原子半径とイオンの周期性を理解する

有効核電荷と原子半径の理解は，原子や分子の化学的特性を予測するうえで非常に重要である．有効核電荷（$Z_{eff}$）は，原子の最外殻電子が実質的に感じる正電荷のことである．これは，核の正電荷から内側の電子によるしゃへい効果を差し引いたものである．有効核電荷の理解により，元素のイオン化エネルギーや電子親和力の傾向を予測でき，化学反応のメカニズムや結合の強さを説明する基礎となる．

原子半径は，原子の大きさを示す指標である．周期表上での原子半径の変化を理解することで，元素間の結合距離や分子の形状，物質の物理的性質(たとえば，

密度や融点）の予測が可能になる．また，化学反応における反応性や生成する化合物の構造を理解する助けにもなる．これらの概念は，物質の性質や反応性を理解し，予測するための基本的な概念となるため化学の学習や応用において重要である．

## 1.5.1　有効核電荷としゃへい効果とスレーター則

電気的に中性の原子において陽子数と電子数は等しい．電子は原子核の正電荷より静電引力を受けるが，イオンになるさいには最外殻の電子から抜けていく．このように外側にいる電子ほど実質的に感じる正電荷は減少すると考えられる．これは，より内側にいる電子との反発も寄与しており，この反発をしゃへい効果（shielding effect）という．陽子数が増えるにつれ，同じ殻や軌道以外にも複数の電子が存在することから，**電子のしゃへい効果も考慮した原子核から電子が実質的に感じる正電荷を議論することが重要**となる．この**実質的な核電荷を有効核電荷（$Z_{\text{eff}}$）**という．具体的な有効核電荷の値はスレーター則（Slater's rules）によって導かれる．

$$Z_{\text{eff}} = Z - \sigma$$

$Z$ は数字としての核電荷（原子番号と同数），$\sigma$ はしゃへい定数である．このしゃへい定数が電子のおかれている環境により異なるため，電子は数字としての核電荷に対して"小さな"電荷（有効核電荷）しか感じない．このしゃへい定数の求め方について解説する．

---

### しゃへい定数の求め方

① しゃへいされる電子自身は数えない．電子の数を一つ減らす．（ここを間違える学生が多い）

② 主量子数 $n$ に従って並べて，方位量子数に従ってグループ分けする．このとき，同じ主量子数の s 軌道と p 軌道は同じグループとする．
[1s] [2s,2p] [3s,3p] [3d] [4s,4p] [4d] [4f] [5s,5p] [5d]……

③ しゃへい定数を求める電子より外側にいる電子については考えない．

④ 同じグループの電子のしゃへいは 0.35．ただし，1s は 0.30 とする．

⑤ しゃへい定数を求める電子が [s,p] の場合，$n-1$（一つ内側の電子）は 0.85，$n-2$（二つ内側の電子）は 1.00 とする．

⑥ しゃへい定数を求める電子が [d] と [f] の場合，④ を考えずに，内側の電子はすべて 1.00 とする．

では，原子番号 12 のマグネシウムと 30 の亜鉛を例にして計算にしてみる．それぞれの数字としての核電荷（$Z$）は 12 と 30 であり，電子配置は，$[1s^2][2s^2, 2p^6][3s^2]$ と $[1s^2][2s^2,2p^6][3s^2,3p^6][3d^{10}][4s^2]$ である．それぞれの電子のしゃへい定数と有効核電荷は以下のように計算される．

**表 a** マグネシウム（$_{12}$Mg）

| | | |
|---|---|---|
| 3s | $: 0.35 \times 1 + 0.85 \times 8 + 1.00 \times 2 = 9.15$ | $Z_{eff} = 12 - 9.15 = 2.85$ |
| 2s,2p | $: 0.35 \times 7 + 0.85 \times 2 = 4.15$ | $Z_{eff} = 12 - 4.15 = 7.85$ |
| 1s | $: 0.30 \times 1 = 0.30$ | $Z_{eff} = 12 - 0.30 = 11.7$ |

**表 b** 亜鉛（$_{30}$Zn）

| | | |
|---|---|---|
| 4s | $: 0.35 \times 1 + 0.85 \times 18 + 1.00 \times 10 = 25.65$ | $Z_{eff} = 30 - 25.65 = 4.35$ |
| 3d | $: 0.35 \times 9 + 1.00 \times 18 = 21.15$ | $Z_{eff} = 30 - 21.15 = 8.85$ |
| 3s,3p | $: 0.35 \times 7 + 0.85 \times 8 + 1.00 \times 2 = 11.25$ | $Z_{eff} = 30 - 11.25 = 18.75$ |
| 2s,2p | $: 0.35 \times 7 + 0.85 \times 2 = 4.15$ | $Z_{eff} = 30 - 4.15 = 25.85$ |
| 1s | $: 0.30 \times 1 = 0.30$ | $Z_{eff} = 30 - 0.30 = 29.70$ |

有効核電荷の算出は計算に慣れていないと難しい．とくに，しゃへい定数 $\sigma$ を求めるさいに，"しゃへいされる電子自身の数を一つ減らすこと"や，d 軌道（および f 軌道）のしゃへい定数については，"ほかの軌道とは少し計算が異なる（ルール ⑤）"ので注意が必要である．また，しゃへい効果は s 軌道 > p 軌道 > d 軌道 > f 軌道の順で減少することがわかっている．この順番になる理由は，それぞれの原子軌道の形をみると理解しやすい．s 軌道は球対称であり，中心の原子殻付近の電子の存在確率が高い．一方で，p 軌道や d 軌道になるにつれて原子の中心付近には電子が存在しない領域（節；第 3 章参照）が増え，原子核付近での電子の存在確率が減少する．また，確率分布を考慮すると動径方向に対して同じ主量子数であれば，f 軌道はほかの軌道に比べて原子核に近づいているが，中心付近での電子の存在確率はほとんどない．つまり，原子核に近いのは f 軌道ではあるが電子の存在確率が低いためにしゃへい効果は小さくなることがわかっている．

## 1.5.2 原子半径の周期律 ▶

原子半径は，有効核電荷としゃへい効果の関係を考慮すれば理解が早い．①

有効核電荷は電子が原子核から感じる静電力の強さであり，電子殻あるいは主量子数 n が同じであれば，有効核電荷が大きいほうが電子は原子核に近づこうとする．つまり，**原子半径は小さくなる傾向**にある．一方，② 電子が多いほどしゃへい効果が大きくなるので電子間の反発により原子核からの静電力が弱まり，電子は原子核から遠ざかる．つまり，**原子半径は大きくなる傾向**にある．この ① 有効核電荷と ② しゃへい効果のバランスにより原子半径が決まる．

図 1.8 に示した周期表をもとに考える．周期表の縦方向（同族の原子）では，上から下にいくと原子半径は増加する．これは，主量子数 n が大きくなると軌道が大きくなるので**原子半径も大きくなる**．続いて，周期表の横方向（同周期の原子）では，原子番号が増える方向（左から右）に行くと**原子半径は小さくなる**．同周期において，電子数の増加によるしゃへい効果の増加（半径が大きくなる）に比べて，有効核電荷の増加により，電子は引きつけられ原子半径は小さくなる．これは，スレーター則を計算してみても，核電荷の増加（1.00）はしゃへい効果の増加（0.35）に比べて大きいことからもわかる．つまり，原子半径について一般的には以下のことがいえる．

"**同族においては原子番号の増加に伴い原子半径は大きくなるが，同周期においては原子番号の増加に伴い原子半径は小さくなる．**"

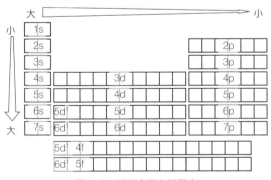

図 1.8　原子半径と周期表

一方で，この規則から顕著に外れるのがランタノイドとアクチノイドである．ランタノイドとアクチノイドは，ともに f 軌道に電子が詰まっていく原子であ

る．先に述べたように f 軌道のしゃへい効果は小さいため，原子番号の増加に伴う実際の核電荷の静電引力が大きく，電子は大きな有効核電荷を受けるようになる．同周期においては原子番号が増えるにつれて有効核電荷が大きくなるために原子半径は小さくなることは，先と同様であるが，同族においては異なってくる．同族の原子では，f 軌道の弱いしゃへい効果により，その外側にある d 軌道や s 軌道の電子は大きな有効核電荷を受け，原子核にかなりの程度引きつけられる．そのため，その原子半径は予想以上に小さくなる．4 族の原子半径に注目すると，Ti（0.147 nm），Zr（0.160 nm），Hf（0.159 nm）であり，**同族であるが原子番号が大きい Hf のほうが小さな原子半径となる**．つまり，ランタノイドとアクチノイドを挟むことで"同族の原子では原子番号の増加に伴って原子半径が増加する"という規則が破られる．これを**ランタノイド収縮**と**アクチノイド収縮**という．

### 1.5.3　イオン半径の周期律

　イオン半径について述べる前に，原子のイオン化について復習しておこう．オクテット則でも述べたが，1 族のアルカリ金属（$s^1$）や 2 族のアルカリ土類金属（$s^2$）は電子を失い貴ガス（$s^2$ または $s^2p^6$）と同じ電子配置をとれるため陽イオンになりやすい．また，16 族のカルコゲン（$s^2p^4$）や 17 族のハロゲン（$s^2p^5$）は電子を得ることで貴ガス（$s^2p^6$）と同じ電子配置をとれるので陰イオンになりやすい．

**図 1.9**　陽イオンと陰イオン

　図 1.9 に示したように，電子を失った陽イオンは原子に比べてイオンでの半径は小さくなり，電子を得る陰イオンは半径が大きくなることが想像できる．また，周期表と合わせて考察すると，陽イオンとなりやすい原子である 1〜15 族ま

では徐々にイオン半径が小さくなるが，陰イオンになりやすい 16, 17 族でイオン半径が大きくなる．**同周期で考えると，15 族まではイオン半径は小さくなるが，16 族でイオン半径が大きくなり，また小さくなるということである．**

では，同じ電子配置をもつ原子やイオンの半径が同じになるかというと，そうはならない．**陽子数の違いにより有効殻電荷が異なるため，基本的には陽子数が多い原子核のほうが電子を引きつける力が強いため半径は小さくなる**（図 1.10）．

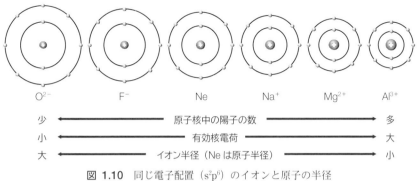

**図 1.10** 同じ電子配置（$s^2p^6$）のイオンと原子の半径

最後に 3 種類のイオン半径について紹介する．

（1） **ゴルトシュミットのイオン半径**：ヴィクトール・モーリッツ・ゴルトシュミット（Victor Moritz Goldschmidt）は，鉱物・地球科学の学者である．ゴルトシュミットの方法は，元素の半径が周囲の配位数や結合半径に関連しているという考え方に基づき結晶構造の観点から推定している．原子が何個の近隣原子と結合しているかによって，イオン半径が近似的に求められている．実際の結晶構造におけるイオンの配置や相互作用が複雑な場合，別の方法による考察が必要となる．

（2） **ポーリングのイオン半径**：結晶学や化学結合論の先駆的な研究者であるライナス・ポーリング（Linus Pauling）によって提案された．イオン半径の推定において，原子間の結合距離や電気陰性度の差を考慮しイオンのサイズを算出している．具体的には，1 価のイオン半径が有効核電荷に反比例するものと仮定して半径を算出し，これを基準にして既出の結晶構造データから各種原子のイオン半径を決定した．

**24**　第 1 章　原子と電子：化学の始まり

**（3）シャノンのイオン半径**：ロバート・D・シャノン（Robert D. Shannon）
とチャールズ・T・プレウィット（Charles T. Prewitt）が，現在の結晶化学の重
要な基礎となる有効イオン半径をまとめた．彼らの方法は，結晶構造の電子密度
を求めて，密度の最小位置がイオン半径に相当すると仮定してイオン半径を提案
した．この方法では，X 線回折データや結晶構造解析に基づいてイオン半径を推
定するため，実際の結晶学データとの整合性も高い．

　これらの方法は，結晶学や化学結合の研究においてイオン半径を推定するため
の重要なツールとして広く利用されている．一方で，イオン半径は正確に規定で
きるわけではなく，それぞれの方法に従ってイオン半径が異なってくることを
知っておいてもらいたい．つまり，これらのイオン半径を"混同"して使用して
はならない．

## 演 習 問 題

**Q 1**　原子に対する原子核のサイズはどれか．次の選択肢から選びなさい．（解説は p. 1）
　　1. 1000 分の 1　　2. 1 万分の 1　　3. 10 万分の 1　　4. 100 万分の 1

**Q 2**　すべての原子は陽子と中性子と電子から構成されているのか正しいほうを選びな
　　さい．（解説は p. 2）
　　1. はい　　2. いいえ

**Q 3**　原子状態およびイオン状態での原子番号は何から決められているのか．次の選択
　　肢から選びなさい．（解説は p. 2）
　　1. 電子数　　2. 陽子数　　3. 中性子数　　4. 陽子数と中性子数の総和

**Q 4**　周期表の原子は下記の A〜D のうち，順番通りに並んでいないものがある．次の
　　もっとも適切な選択肢を選びなさい．（解説は p. 3）
　　1. 陽子数　　2. 原子番号　　3. 電子数　　4. 原子量

**Q 5**　原子番号 18 のアルゴンの電子配置は K(2)L(8)M(8) である．原子番号 19 のカリ
　　ウムの電子配置を次の選択肢から選びなさい．（解説は p. 6）
　　1. $K^2L^8M^9$　　2. $K^2L^8M^8N^1$

**Q 6**　原子軌道において"方位量子数"がある．これは，原子軌道の何を決める量子数か
　　次の選択肢から選びなさい．（解説は p. 7）
　　1. エネルギー　　2. 軌道の大きさ　　3. 軌道の方向　　4. 軌道の形状

**Q 7**　電子の収容ルールとして"原子軌道の形や配向に関係なく，一つの軌道には 2 個の
　　電子が収容される"とは何か．もっとも適切な選択肢を選びなさい．（解説は p. 9）
　　1. 構成原理　　2. パウリの排他原理　　3. フントの規則

**Q 8**　原子の最外殻電子配置が"$s^2p^5$"の元素を何というのか．次の選択肢から選びなさ

演 習 問 題　25

い．（解説は p. 12）

  1．アルカリ金属　　2．アルカリ土類金属　　3．ハロゲン　　4．貴ガス

**Q 9**　電子の収容する原子軌道の順番は 1s→2s→2p→3s→3p→4s→3d→4p→5s……である．スカンジウム（Sc）の電子配置は $1s^2 2s^2 2p^6 3s^2 3p^6 3d^1 4s^2$ である．では，$Sc^{2+}$ の電子配置を次の選択肢から選びなさい．（解説は p. 14）

  1．$1s^2 2s^2 2p^6 3s^2 3p^6 3d^3 4s^2$　　2．$1s^2 2s^2 2p^6 3s^2 3p^6 4s^1$　　3．$1s^2 2s^2 2p^6 3s^2 3p^6 3d^1$

  4．$2s^2 2p^6 3s^2 3p^6 3d^1 4s^2$

**Q 10**　第 4 周期の元素において電子の収容ルールに従わない族はどれか．次の選択肢から選びなさい．（解説は p. 17）

  1．5 族　　2．6 族　　3．7 族　　4．8 族

**Q 11**　同周期の元素において，原子番号が増え電子が増えると最外殻電子の有効核電荷の値はどうなるか正しいほうを選びなさい．（解説は p. 18）

  1．大きくなる　　2．小さくなる

**Q 12**　次の空欄を正しく埋める組合せを選びなさい．原子半径は，同族では上から下に行くと $\boxed{A}$ となり，同周期では左から右に行くと $\boxed{B}$ となる．（解説は p. 21）

  1．A 大きく，B 大きく　　2．A 大きく，B 小さく　　3．A 小さく，B 小さく

  4．A 小さく，B 大きく

**Q 13**　同じ電子配置をもつ陽イオンと陰イオンではどちらのイオン半径が大きいか．次の選択肢から選びなさい．（解説は p. 22）

  1．陽イオン　　2．陰イオン　　3．同じ

**Q 14**　実際の結晶学データを整合性が高い電子密度をもとにしたイオン半径はどれか．次の選択肢から選びなさい．（解説は p. 23）

  1．ゴルドシュミットのイオン半径　　2．ポーリングのイオン半径　　3．シャノンのイオン半径

解 答　Q 1：2，Q 2：2，Q 3：2，Q 4：4，Q 5：2，Q 6：4，Q 7：2，Q 8：3，Q 9：3，Q 10：2，Q 11：1，Q 12：2，Q 13：2，Q 14：3

# 第2章
# 電子の相互作用が導く原子特性

　第1章では，電子殻（K殻，L殻……）や原子軌道（s軌道，p軌道……）を学び，またその関係から周期表の成立ちを解説した．そして，電子が実際に原子核から感じる電荷である有効核電荷としゃへい効果について学び，原子半径やイオン半径が周期表においてどのように変化するかを学んだ．この知識を背景として，本章では電子が原子や分子にどのように相互作用し，その相互作用が化学的性質にどのような影響を与えるかを予想する"電子の相互作用と原子特性"について学ぶ．

　さて，ここでは"**外側の電子ほど内側の電子による反発を受けて実際に感じる有効核電荷が減少する**"ということを意識して読み進めてほしい．

## 2.1 イオン化エネルギーとジグザグの謎

◀ **本節を読んでできるようになること** ▶
・イオン化エネルギーを理解し，そのグラフの成立ちを解説できる．

　**イオン化エネルギー**（$E_{ie}$，ionization energy）**とは，原子から最外殻の電子を抜き取るのに必要なエネルギー**である．1個目の電子を抜き取るのに必要なエネルギーを第一イオン化エネルギー，さらにもう1個の電子を抜き取るのに必要なエネルギーを第二イオン化エネルギーという．後述する電子親和力と比較して学ぶことが多いが，イオン化エネルギーは"抜き取る"のに必要なエネルギーであるから，原子として安定なものほど"電子を抜き取る"のが困難なためエネルギーが大きくなる．具体的には，原子として**安定な閉殻構造である貴ガスのイオン化エネルギーが大きな値を示す**．図2.1には第4周期までのイオン化エネルギーを示した．高校理科の"化学基礎""化学"にも第3周期までは掲載されるから，見たことがある読者も多いだろう．では，どのような規則に従って"ジグザグ"になっているのかを解説する．

第2章 電子の相互作用が導く原子特性

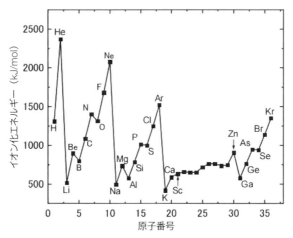

図 2.1 第4周期までのイオン化エネルギー（第一イオン化エネルギー）

"**同族**"の原子に注目する．貴ガス原子であるヘリウム（He），ネオン（Ne），アルゴン（Ar）と原子半径が大きくなるにつれて，イオン化エネルギーが低下する．これはアルカリ金属，アルカリ土類金属，ハロゲン族でも同じ傾向がみられる．イオン化エネルギーが減少する理由は，大きな原子半径は原子核から最外殻電子までの距離が長くなることであり，原子核の最外殻電子を引きつける力が弱くなるため，イオン化のさいに必要な"抜き取る"エネルギーが減少するのである．

続いて，"**同周期**"の原子に注目してみよう．前章で，同周期において原子半径は原子番号が増えるにつれて小さくなることを学んだ．これは，電子が増えることによる反発よりも，原子核の陽子が増えることで有効核電荷が大きくなるため，最外殻電子が原子核に引きつけられて原子半径が小さくなる．つまり，同族と同じように考察すると，同周期においては原子番号が増えると有効核電荷が増大するため，最外殻の電子を抜き取るのに必要なエネルギーは大きくなることがわかる．そのため，第2周期であるリチウム（Li）からネオンでは，原子番号が増えるにつれて全体的に右肩上がりでイオン化エネルギーが増加する傾向がある．しかし，図 2.1 において，**同周期のホウ素（B）や酸素（O）ではイオン化エネルギーがいったん減少している**．ホウ素や酸素と同族である第3周期のアルミニウム（Al）や硫黄（S）でも同様に低下していることがわかる．この理由に

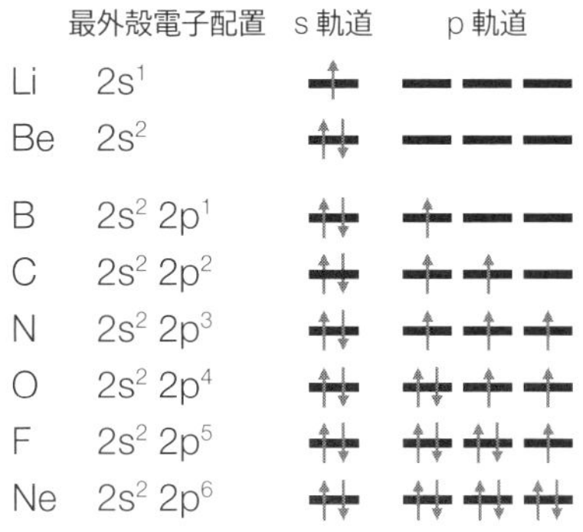

## 2.1 イオン化エネルギーとジグザグの謎　29

| | 最外殻電子配置 | s軌道 | p軌道 |
|---|---|---|---|
| Li | $2s^1$ | | |
| Be | $2s^2$ | | |
| B | $2s^2\,2p^1$ | | |
| C | $2s^2\,2p^2$ | | |
| N | $2s^2\,2p^3$ | | |
| O | $2s^2\,2p^4$ | | |
| F | $2s^2\,2p^5$ | | |
| Ne | $2s^2\,2p^6$ | | |

**図 2.2**　第 2 周期の最外殻電子配置

ついて考えてみよう．図 2.2 には第 2 周期に属する Li から Ne までの最外殻電子配置を示した．

　構成原理，パウリの排他原理，フントの規則（第 1 章参照）に従って電子を収容した．第 2 周期の原子殻は L 殻であり，2s 軌道と 2p 軌道で構成され，2s 軌道に比べて 2p 軌道のエネルギーが高い．ベリリウム（Be）は 2s 軌道が閉殻構造となっている．ホウ素は，2s 軌道の閉殻構造に加えて 2p 軌道に電子を 1 個だけもつ．このため，**ホウ素は電子を 1 個失うとベリリウムと同じ閉殻構造となる**．つまり，閉殻構造であるベリリウムから電子を 1 個抜き取るのに必要なエネルギーよりも電子を 1 個抜き取って閉殻構造となるホウ素のほうが必要なエネルギーが少ないため，ホウ素のイオン化エネルギーのほうが小さくなる．

　続いて，窒素（N）と酸素のイオン化エネルギーの大小関係について考える．窒素は前章の特別な電子配置（$d^4$ と $d^0$）で解説したように，三つの 2p 軌道に 1 個ずつ電子が入った準安定な半閉殻構造をとる．酸素はこの半閉殻構造に電子が 1 個加わっている．半閉殻構造から電子を 1 個抜き取るのに必要なエネルギーと，1 個の電子を抜き取って半閉殻構造となるのに必要なエネルギーを比較すると，閉殻構造の議論と同様に，1 個抜き取って半閉殻構造となる酸素のほうが窒素に比べてイオン化エネルギーが小さな値になる．

　当然，5 種類の d 軌道においても同様の傾向を示す．図 2.1 に示す d 軌道のイオン化エネルギーをみれば d 軌道が半閉殻・閉殻構造をとりやすい原子（$d^5$ や $d^{10}$ 付近）が大きなイオン化エネルギーを示すことがわかる．

　まとめると，**閉殻構造および半閉殻構造をもつ原子のイオン化エネルギーは，**

その原子番号が両隣の原子よりも大きくなる傾向がある.

## 2.2 電子親和力（典型元素と遷移元素）のジグザグする理由

◀ **本節を読んでできるようになること** ▶
・電子親和力を理解し，そのグラフの成立ちを解説できる.
・典型元素および遷移元素の電子親和力の周期性を理解する.

電子親和力（$E_{ea}$, electron affinity）とは，原子に電子 1 個を"つけ加えて"陰イオンになるときに放出されるエネルギーである．電子親和"力"よりは電子親和"エネルギー"のほうが適切と感じる．イオン化エネルギーは"電子を抜き取るときに必要なエネルギー"であり，電子親和力の"電子をつけ加えるときに放出するエネルギー"とは逆の関係にある．原子核は正の電荷（陽子）のため，静電気力により負の電荷をもつ電子を引きつけ，最外殻に電子がつけ加えられたときにエネルギーが発生する．このエネルギーが電子親和力である．つまり，**原子核が電子を引きつける力が強い**ほど，**陰イオンになるときにたくさんのエネルギーが放出**される．原子が安定な閉殻構造のとき，わざわざ電子を引きつけて不安定化しない．"原子核が電子を引きつける力が強い"とは，電子を得ることで閉殻構造あるいは半閉殻構造の安定な状態に変化できるということである．つまり，電子を 1 個つけ加えて安定な閉殻構造となるハロゲン元素（F，Cl，Br，I，At）が大きな電子親和力を示し，さらには半閉殻構造となる原子も大きな電子親和力を示す．図 2.3 には遷移元素を除いた第 5 周期までの電子親和力を示した.

第 3 周期（Cl）を除いて，ハロゲン族（F，Br，I）の周期性から，原子番号が増えるにつれて電子親和力は小さくなる傾向がある．これはイオン化エネルギーと同様に原子半径が大きくなるため，最外殻電子を引きつける力が弱くなり電子を 1 個つけ加えたときの電子親和力の値も小さくなる．では，**なぜ第 2 周期の元素に比べて第 3 周期の元素の電子親和力が大きい値**を示すのだろうか．その理由は，電気陰性度と原子半径が関係している．詳細は後述するが，電気陰性度は"原子が電子を引き寄せる強さ"を示す．この強さは周期表の右上のフッ素原子（F）を頂点として左下にいくほど弱くなる．しかし，原子半径が小さい場合，原子核と電子が近すぎることによる不安定化が生じるのである．つまり，第 2 周

2.2 電子親和力（典型元素と遷移元素）のジグザグする理由　　31

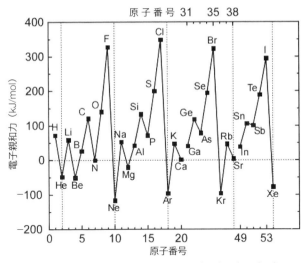

図 2.3　第5周期までの電子親和力（遷移元素を除く）

期（Li～Ne）の原子は電気陰性度が強く，電子を1個加えたことによる安定化のエネルギーが生じるが，同時に原子核と電子間の距離が近いために新たにつけ加わった電子の反発による不安定化のエネルギーも生じる．このため，電子親和力が小さくなるため，全体をみると第2周期の電子親和力は，第3周期の電子親和力よりも小さくなる．

つまり，比較して学ぶイオン化エネルギーとあわせて考えると，第2周期は第3周期に比べて電子を引きつける力（有効核電荷あるいは電気陰性度）が強いので，最外殻電子を抜き出すためのエネルギー（イオン化エネルギー）は第2周期のほうが大きいが（図2.1），原子半径が小さいために電子を1個付け加える電子親和力は第2周期のほうが小さくなる（図2.3）．

続いて，図2.2の第2周期の電子配置を例に"同周期の周期性"を詳しくみていこう．これもイオン化エネルギーと同様に，原子番号の増加に伴い有効核電荷が大きくなるため，電子親和力も大きくなり右肩上がりの傾向をもったグラフになる（図2.3）．アルカリ金属であるリチウムに電子を1個つけ加えると閉殻構造となるので電子親和力は大きな値をとる．アルカリ土類金属のベリリウムは電子を1個追加するとp軌道に電子が入り閉殻構造ではなくなるので，電子親和力はマイナスの値をとる．続いて，ホウ素や炭素（C）に電子を1個つけ加える

と半閉殻構造に近づくので，電子親和力はプラスの値を示す．しかし，次の窒素は半閉殻構造であるために電子をつけ加えることで安定な状態が壊れることを意味し，電子親和力も小さな値をとる．酸素は電子が加わると閉殻構造に近づき，フッ素は閉殻構造となるので大きな電子親和力となる．最後の貴ガスであるネオンは閉殻構造に電子をつけ加えることになるので電子親和力はマイナスの値をとる．この電子親和力のプラスとマイナスについて，いい換えれば，プラスの値はエネルギーを放出し，マイナスの値はエネルギーを吸収すると考えるとすっきり解釈できる．ネオンという閉殻構造に電子をつけるには原子がエネルギーを吸収する必要があるということである．

続いて，d軌道についても周期性を考えてみる．図2.4には，第4周期の電子親和力と各原子の最外殻電子配置を示した．基本的に，先の典型元素と同様に考えればよい．原子番号の増加に伴い有効核電荷が大きくなるので，右肩上がりのグラフになる．クロム（Cr）の電子配置は，図から $[Ar]3d^4 4s^2$ であるが，前章で述べたように，実際の電子配置は $[Ar]3d^5 4s^1$ である．どちらにしろ，一つの電子をつけ加えることで，3d軌道は半閉殻構造で4s軌道は閉殻構造となり安定化するために電子親和力が大きな値を示す．一方で，マンガン（Mn）は半閉殻と閉殻構造が崩れるために，電子親和力が小さな値を示す．なお，遷移元素の電子親和力は"プラスの値"をとる．理由は，d軌道の広がりが十分に原子核から離れているために，d軌道の電子が増えても大幅なマイナスの値を示すことはなく電子を付加できると考えられる．

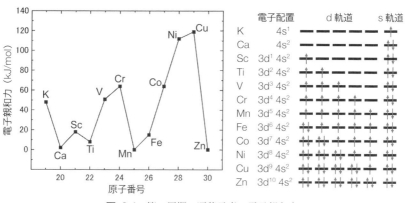

図 2.4 第4周期の遷移元素の電子親和力

結論として，**電子親和力がプラスの値は電子を受け取りやすく，マイナスの値は電子を受け取りにくいことを意味しており**，電子親和力の値がプラスになることは陰イオンになりやすいことを意味している．

## 2.3 イオン化エネルギーと電子親和力のエネルギー差

◀ **本節を読んでできるようになること** ▶
・イオン化エネルギーと電子親和力の関係を理解する．

電子を引き抜くイオン化エネルギーと電子を加える電子親和力において，両方とも半閉殻および閉殻構造が考え方の鍵であった．続いて，これらのエネルギー差に注目して解説する．イオン化エネルギー（$E_{ie}$）と電子親和力（$E_{ea}$）の一般式を示す．

$$\text{イオン化エネルギー} \quad A + E_{ie} \longrightarrow A^+ + e^-$$
$$\text{電子親和力} \quad A + e^- \longrightarrow A^- + E_{ea}$$

この二つは比較されて解説されるため，イオン化エネルギーと電子親和力は逆向きの同程度のエネルギーと思っている学生もいるが，その値は1~2桁違う．**電子を引き抜くのに必要なエネルギーと電子を追加して得られるエネルギーに大きな差がある**ことは，エネルギー保存則などの背景知識があればあるほど不思議に感じてくる．図2.5には，第3周期までのイオン化エネルギーと電子親和力を示す．図からもそのエネルギー差は100倍以上異なるエネルギー差をもつ．

ここで，イオン化エネルギーと電子親和力に大きなエネルギー差がある理由を考えてみる．たとえば，閉殻構造であるネオンから電子を引き抜くエネルギーは2080 kJ/molが必要であるが，電子をつけ加えることで閉殻構造となるフッ素から放出される電子親和力は328 kJ/molである．この差は，内殻や最外殻に存在する電子間の反発的相互作用が関係している．原子核の相互作用は原子殻付近では強く，原子殻から離れるほど弱くなる．この有効核電荷の考え方を考慮すると，電子の電荷は原子核周りに集中し離れるほど少なくなる．この電子の存在の度合いが広がった電子殻により電子をつけ加える際に反発的な相互作用が低下することで安定化した分のエネルギーが放出されると考えられる[2.1]．

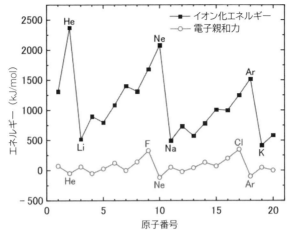

図 2.5 イオン化エネルギーと電子親和力の比較

## 2.4 電気陰性度の考え方

◀ 本節を読んでできるようになること ▶
・イオン化エネルギーと電子親和力による電気陰性度を解説できる.
・電気陰性度と極性の関係を説明でき，極性および無極性分子を見分けられる.

### 2.4.1 電気陰性度とその定義

電気陰性度とは，"化合物を形成した**原子の電子を引きつける相対的な強さ**"のことであり，ギリシャ文字の χ（カイ）で表される．貴ガス元素は化合物を形成しないため，貴ガスを除いた**全元素の中でもっとも大きな電気陰性度を示すのは"フッ素（F）"**である．さて，図 2.6 に電気陰性度の一部を示した．水素原子を除けば，電気陰性度は周期表の右上にいくほど大きく左下にいくほど小さくなる.

"化合物を形成した原子"と記載したように，電気陰性度は原子単独の性質ではないが，イオン化エネルギー（$E_{ie}$）と強い相関がある．また，電気陰性度が小さいときは電子親和力（$E_{ea}$）と負の相関があり，電気陰性度が大きいときは正の相関がある．イオン化エネルギーと電子親和力を"電子を引きつける強さ"

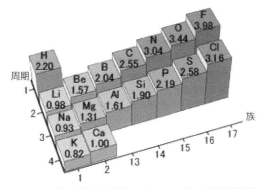

図 2.6 電気陰性度（数値はポーリングの電気陰性度）

として考える．**イオン化エネルギーが大きいほど電子を放出しにくいので，イオン化エネルギーが大きい原子ほど電子を引きつける力が強いと考えられる．電子親和力が大きいほど電子をつけ加えやすい（受け入れやすい）ので，電子親和力が大きい原子ほど結合している相手の原子の電子を引きつける力が強いと考えられる．**貴ガスを除けば，イオン化エネルギーと電子親和力の両方で大きな値を示すのはハロゲンである（図 2.5）．このことからもフッ素の電気陰性度がもっとも高くなることがわかる．

当初は，第一イオン化エネルギーと電子親和力の算術平均をマリケン（Mulliken）の電気陰性度（$\chi_M$）として定義していた．

$$\chi_M = \frac{E_{ie} + E_{ea}}{2} \tag{2.1}$$

式(2.1)は，電気陰性度の計算式としてはわかりやすいが化学種により値が変化するため，高校理科ではポーリング（Pauling）の電気陰性度（$\chi_P$）が主流となっている（導出は YouTube 動画参照）．

ここで化合物を形成する二つの原子 A と B の電気陰性度の差を考える．下記の式はポーリングが提唱したもので，式中の $E_{A-B}$ は A 原子と B 原子が結合していると仮定した場合の結合エネルギーである．$(eV)^{(-1/2)}$ は電気陰性度を無次元化するための係数である．

$$|\chi_A - \chi_B| = (eV)^{\left(-\frac{1}{2}\right)} \sqrt{E_{A-B} - \frac{E_{A-A} + E_{B-B}}{2}} \tag{2.2}$$

式(2.2)によって定義されるのは，二つの原子の電気陰性度の差である．単独

36 第2章 電子の相互作用が導く原子特性

の電気陰性度を知るために，任意の基準点を設定する必要があった．ここで，さまざまな化合物をつくる水素の電気陰性度の 2.2 を基準点とした．また，どちらがより陰性であるかを考える必要があるが，水素は陽イオンになるという考えで陰性になる元素を決定している．

ポーリングの電気陰性度を計算するためには，その元素によって形成された少なくとも二つの共有結合の解離エネルギー（式中の E）に関するデータが必要となる．

電気陰性度としては，ほかに**オールレッド-ロコウ（Allred-Rochow）やサンダーソン（Sanderson）の電気陰性度**などがある[2.2, 2.3]．有効核電荷と原子サイズの関係に注目している．そして，1 電子の分光学的データから直接決定した**アレン（Allen）の電気陰性度**（分光学的電気陰性度）もある[2.4]．ほぼすべての元素について必要なデータが得られることから，ほかの方法では対応できない元素の電気陰性度を推定できる．貴ガスも含めた電気陰性度が推定され，もっとも高い電気陰性度はネオンの 4.787 である（フッ素は 4.193）[2.5]．さらには，近年，表面観察の一つである測定プローブ（針）と表面の原子間にはたらく化学結合力を測定できる原子間力顕微鏡（AFM）を用いた原子スケールでの電気陰性度の直接測定の報告例もある[2.6]．

さて，ポーリングの電気陰性度の話に戻るが，水素原子の電気陰性度は想像以上に大きい（図 2.6）．水素の電気陰性度が大きい理由は，しゃへいする内殻の電子がなく，有効核電荷は減少することなく最外殻にある唯一の電子を引き寄せる．さらに，原子半径は周期表の中でもっとも小さく，さらに核電荷による引力が強まるため，水素の電気陰性度は思ったより大きな値を示す．

## 2.4.2　電気陰性度で考える極性と双極子モーメントと分極の見分け方

異なる原子が共有結合すると，その結合電子を二つの原子が引っ張り合う．すると電気陰性度の大きい原子に引っ張られ，電気陰性度が大きい原子は部分的に負の電荷（$-\delta$；デルタマイナス）をもち，もう一方の原子は部分的な正の電荷（$+\delta$；デルタプラス）をもつ．このように，**分子内で電荷が偏ることを "極性（polarity）"** といい，極性をもつ分子を極性分子という（図 2.7）．なお，"$\delta$（デルタ）" は "ほんの少し" という意味がある．この極性分子と無極性分子を見分けることを苦手とする学生が多いのでその見分け方もここで解説する．

## 2.4 電気陰性度の考え方

図 2.7 に示した"矢印"は**双極子モーメント (dipole moment)** といい，電気陰性度の高い原子（−δ）から低い原子（+δ）に矢印を引く（双極子モーメントと**分極 (polarization)** の違いについては後述するがややこしい）．双極子モーメントは方向をもつベクトル量（$\mu$）であり，電気陰性度の差で決まる電荷の大きさ（$Q$）と電荷間の距離（$r$）の積（$\mu = Qr$）で表される．

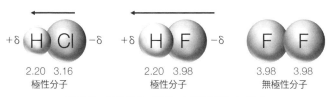

図 2.7　極性分子（HF）と無極性分子（$F_2$）

双極子モーメントはベクトル量で表すことから，矢印の"長短"は電気陰性度の大小に比例すると考えてもよい．さて，二原子分子の場合，結合が一つしかないので，その結合の双極子モーメントが"極性の有無"を決定する．同じ原子が結合した等核二原子分子（たとえば，$F_2$）は電気陰性度に差がないので，双極子モーメントはゼロとなり無極性分子となる．では，分子が複数の結合をもつ場合について考えてみる．

次に三原子分子以上を考えてみよう（図 2.8）．二酸化炭素（$CO_2$）は直線形，水（$H_2O$）は折れ線形，アンモニウム（$NH_3$）は三角すい形，メタン（$CH_4$）は正四面体形など，分子はさまざまな形をとることを高校理科の"化学基礎"でも学ぶ（なぜそのような構造になるのかは第 3 章参照）．では，これらの複数の結合を含む分子の"極性・無極性分子の見分け方"について解説する．

結論から述べると，無極性分子は二酸化炭素とメタンであり，極性分子は水とアンモニアである．対象とする分子が極性分子なのか無極性分子なのかは，双極

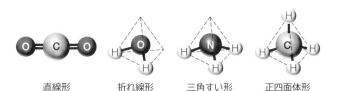

図 2.8　二酸化炭素，水，アンモニア，メタンの分子構造と双極子モーメント

子モーメントが深く関係する．では，具体的に無極性分子の二酸化炭素と極性分子の水を例に解説する（図 2.9）．

**極性・無極性分子の見分け方**
① 電気陰性度を考慮して，$-\delta$ と $+\delta$ を付す．
② 双極子モーメントの矢印を引き，**矢印（ベクトル）の和**を考える．
③ ベクトルの和がゼロのときは無極性分子であり，ゼロ以外（太矢印）は極性分子となる．

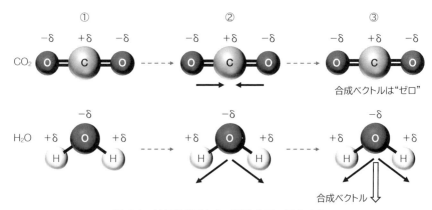

図 2.9 無極性分子および極性分子の見分け方

アンモニアとメタンについて同様の方法で考察すると，アンモニアはベクトルの和が打ち消されずに残るために極性分子となるが，メタンはベクトルの和が打ち消されてゼロとなるので無極性分子となる．では，メタンを用いてもう少し詳しくみていくと，中央の炭素から伸びる四つの結合（C—H）は極性をもっている（図 2.10）．二つの C—H 結合の極性により生じる双極子モーメントにより大きな矢印の双極子モーメントが二つできる．この二つの大きな矢印は同じ長さで反対方向を向いているために最終的にモーメントが相殺される．その結果，**メタンは"個々の結合は極性をもつ"が分子全体としては"無"極性分子である**．ここが，つまずきやすいポイントである．

では，一つの水素原子を塩素原子に変更したモノクロロメタンはどうなるかというと，水素よりも電気陰性度が大きい塩素原子により異なる長さの矢印（双極子モーメント）ができることがわかる．結果として，全体として双極子モーメン

トがゼロとならないのでモノクロロメタンは極性分子である．極性分子および無極性分子がわからない学生は，**部分的には極性（電荷の偏り）があるのに全体では無極性になることがわかっていない**ので，この部分と全体の矢印（ベクトル）の和を解説するとすぐに理解してくれる．

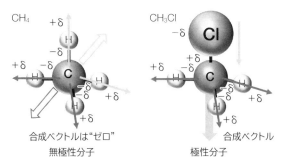

図 2.10 個々の結合は極性をもつが無極性分子のメタン

### 2.4.3 双極子モーメントと分極の表記方法について

双極子モーメントと分極について解説する．分子内での電荷の偏りを"極性"とよび，極性（双極子モーメント）が生じていることを分極とよぶ．双極子モーメントも分極も意味はほぼ同じで極性が生じていることを示すときに使う．ただし，**双極子モーメントは極性の度合いの"量"であるが，分極は"現象"を表す**．つまりは，分子内の個々の結合が極性をもつ場合，その結合は分極しているが，前述の通り双極子モーメント間で打ち消しあい，分子全体として双極子モーメントが観測されないことがある．また，**何よりも矢印方向の表記方法がまったく異なってくる**．"双極子モーメント"は，$-\delta$ から $+\delta$ に矢印を引くが，"分極"は $+\delta$ から $-\delta$ に矢印をひく（図 2.11）．覚え方は，分極矢印のスタートが"＋，プラス"になっている．双極子モーメントの解説時に"矢印"に対して抱いた違和感は，この矢印の向きである．無機・物理化学系は双極子モーメントを，有機系は分極を使うことが多く，教科書によっては混同しているので注意が必要である．

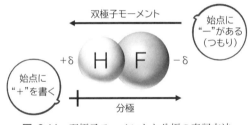

図 2.11 双極子モーメントと分極の表記方法

## 2.5 化学結合と分子間力

◀ **本節を読んでできるようになること** ▶
・分子間の相互作用と分子サイズあるいは表面積の関係を理解する．
・分子間力が沸点や融点に及ぼす影響を理解する．

図 2.12 には高校理科で学ぶ化学結合と分子間力の分類を示した．これらについて，先に学んだ電気陰性度や極性および分子の幾何学構造を含めて解説する．

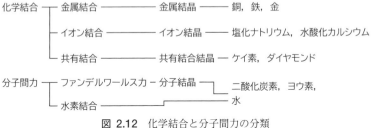

図 2.12 化学結合と分子間力の分類

### 2.5.1 電気陰性度で読み解く化学結合と結晶分類

原子の電気陰性度の差により，それらの原子に電荷の偏り（極性）を与え，電荷の偏りから結合種の分類ができる．図 2.12 に具体例を示したが，まずは金属元素同士のみの結合は"金属結合"である．ポーリングの電気陰性度を考慮すれば金属元素間で最大の電気陰性度の差（$\Delta\chi_{EN}$）は 1.35（アンチモン（Sb）とフランシウム（Fr））と計算できるが，電気陰性度に大小の差があっても金属元素同士の結合は金属結合に分類される．

2.5 化学結合と分子間力　　41

　続いて，非金属元素がかかわる結合種の分類のルールについて考えてみると，電気陰性度の差が小さい，あるいはゼロの場合，結合電子を互いの原子が共有するので "共有結合" に分類される．また，電気陰性度に差がないということは結合間で極性が生じていないので無極性分子となる．逆に，電気陰性度の差が大きい場合，その結合は "イオン結合" に分類される．極性は生じており，分子の幾何学構造にもよるが極性分子となることが多い．H—H 結合，H—Cl 結合，Na—Cl 結合の電気陰性度の差は，それぞれ 0.0，0.9，2.1 である．先に示したルールに従うと，非金属元素で電気陰性度の差がゼロの H—H 結合は共有結合である．そして，イオン結晶として知られる塩化ナトリウム（NaCl）は，非金属元素と金属元素間の結合であり，電気陰性度の差が大きい Na—Cl 結合はイオン結合に分類される．では，非金属元素同士である H—Cl 結合の "0.9" は，共有結合とイオン結合のどちらに分類されるのか．これに関しては例外も多くあるが，表2.1 に示すように電気陰性度の差の値により分類されている．

表 2.1　電気陰性度による結合種の分類

| 結合の種類 | 電気陰性度の差 |
|---|---|
| 共有結合（無極性共有結合） | < 0.4 |
| 極性をもった共有結合（極性共有結合） | 0.4〜1.8 |
| イオン結合 | 1.8 < |

　この表をもとにすると，H—Cl 結合は "極性をもった" 共有結合として分類される．共有結合は "結合電子を共有する" が定義であるが，電気陰性度の差により極性が生じているが共有結合としてみなす極性共有結合と電気陰性度の差がない純粋な無極性共有結合という分類がある．ただし，前述の通り多くの例外があり，フッ化水素（HF；$\Delta\chi_{EN} = 1.9$）とアンモニア（NH₃；$\Delta\chi_{EN} = 0.9$）は共有結合とみなされる．また，イオン結晶であるヨウ化ナトリウム（NaI；$\Delta\chi_{EN} = 1.7$）をはじめとしてイオン結晶に分類される分子でも $\Delta\chi_{EN}$ の値としては "極性をもった共有結合" に分類されるものが多くある．こういった背景があることを知ったうえで，簡便な結合種の見分け方を図 2.13 に示す．

　電気陰性度は，もっとも高いフッ素を頂点に左下方向のフランシウムに向かって減少する．周期表の中での相対的な位置関係から，非金属元素間の結合は共有結合であり，非金属元素と金属元素の結合はイオン結合と考える．これらの結合

図 2.13 結合種の見分け方

は1分子内での結合と考えてきたが，イオン結合である塩化ナトリウム（NaCl）の固体結晶中ではナトリウムイオン（$Na^+$）の上下左右前後に6個の塩化物イオン（$Cl^-$）が存在し，また金属結晶でも一つの金属イオンの周囲にはたくさんの金属イオンが存在している．分子内の結合に加えて，これらの"分子間"の結合あるいは相互作用が全体の物性を左右している．続いて，分子間の力について解説する．

## 2.5.2 分子間力（ファンデルワールス力）：双極子と沸点の関係

分子間力とは，分子の間での相互作用を示す．これらの力は，物質の性質や相（気体，液体，固体）の形成に影響を与える．分子間相互作用は，イオン間相互作用（イオン-イオン相互作用）とファンデルワールス力に大別される．イオン間の相互作用とはイオン結合において述べたイオン同士の間にはたらく電気的な引力である．また，水素結合はファンデルワールス力に分類される（後述する）．まずは，分子間力に深く関係する"双極子（dipole）"について解説する（図 2.14）．双極子は，分"子"や原"子"のように双極"子"という状態である．分子（あるいは原子）内において，電荷の偏りがあり，分極している分子を"双極子"という．

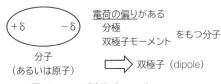

図 2.14 双極子（dipole）について

さて，双極子がかかわる三つの分子間相互作用について解説する（図 2.15）．一つ目は，極性分子間での相互作用である．極性分子は分子内において，永久に

電荷の偏りが生じており，"永久双極子"ともいわれる．この永久双極子間にはたらく分子間相互作用として"双極子-双極子相互作用"がある．これが三つの分子間相互作用の中でもっとも強い相互作用である．続いて，極性分子と無極性分子間の分子間相互作用である．極性分子は永久双極子であり，この電荷の偏りの影響を受けて，無極性分子内において電荷の偏りが生じることで双極子となる．この無極性分子は，永久双極子によって誘起された双極子になるので"誘起双極子"ともいう．この永久双極子と誘起双極子間での相互作用を"双極子-誘起双極子相互作用"という．当然，双極子-双極子相互作用よりも弱い相互作用である．三つ目として無極性分子間の相互作用がある．分子や原子がゆらぐ（電子の位置が量子化学的に動く）ことで"瞬間的な双極子"になることがある．この瞬間双極子に影響された誘起双極子との相互作用が，"瞬間双極子-誘起双極子相互作用"といい，別名は"ロンドン分散力"ともいう．無極性である貴ガスが凝集して液体になるのもロンドン分散力が関係している．

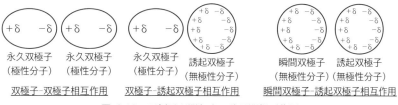

図 2.15 双極子が関与する分子間相互作用

さて，これらの分子間力の強さについて，塩化水素（HCl, 分子量 36.5）とフッ素分子（F$_2$, 分子量 37.9）で理解しよう．この二つの分子は近い値の分子量をもっている．塩化水素は極性分子のために分子間の相互作用は"双極子-双極子相互作用"で分子間力の中でもっとも強い相互作用である．一方で，フッ素分子は無極性分子なのでもっとも弱い"瞬間双極子-誘起双極子相互作用"である．結果として，両方とも似たような分子量をもち，似たような分子の大きさであることも推察できるが，分子間の相互作用の違いにより常温常圧下で塩化水素は"液体"でありフッ素分子は"気体"である．

また，これらの分子間力は分子内の結合に比べてとても弱い．"誘起双極子"など，分子間の距離が相互作用の強弱を左右することからも，分子の運動エネルギーの大きさと分子間相互作用の強さには負の相関がある．つまり，先の貴ガス

**44** 第2章 電子の相互作用が導く原子特性

の凝集による液体化を例にすると，運動エネルギーが大きいと分子間力が弱く凝集することなく気体として存在するが，運動エネルギーが小さくなることで分子間の相互作用が強まり液体に変化する．当然，温度だけではなく圧力によっても状態変化は可能であり，ライターの中のブタン（$C_4H_{10}$）は圧力を加えることで分子間の相互作用を運動エネルギーより大きくすることで液体としている．温度や圧力を制御することで，分子間を近づけ運動エネルギーよりも分子間の相互作用を強めることができる．また，小さく軽い分子に比べて，大きく重い分子のほうがこれらの影響を強く受けることがわかっており，たとえば，ハロゲン元素であるフッ素（$F_2$；融点 52 K，沸点 85 K）や塩素（$Cl_2$；融点 170 K，沸点 238 K）は室温で気体であるが，臭素（$Br_2$；融点 266 K，沸点 332 K）は液体であり，ヨウ素（$I_2$；融点 387 K，沸点 457 K）は固体として室温下で存在している．ヨウ素は分子性結晶としても高校理科で取り扱われる．また，これらの原子サイズの増加に伴う融点や沸点の上昇は，分子間の相互作用（とくに誘起双極子や瞬間双極子）が電子構造に関係していることも示唆される．原子が大きいと有効殻電荷（電子が実際に感じる電荷）も小さくなるため，原子サイズの増加に伴い価電子の束縛は減少すると予想される．この束縛の弱い価電子は，極性分子による誘起を受けやすいと考えられるし，束縛されていない電子はゆらぎやすく瞬間的な双極子も形成しやすいと想像できる．そのため，原子サイズが大きいヨウ素は双極子による分子間相互作用により固体として存在する．

　また，分子の表面積についても触れておこう．14族の水素化化合物（$CH_4$，$SiH_4$，$GeH_4$，$SnH_4$）は，分子内には分極が生じている結合はあるが，四面体構造をとり，幾何学構造的に無極性分子である．四面体構造を球形と考えて，その半径は中心原子 X と水素原子 H 間の結合距離 X—H と考えられるので，108 pm（C—H），147 pm（Si—H），152 pm（Ge—H），171 pm（Sn—H）と半径を概算でき，中心の原子サイズが大きくなるにつれて表面積も広がることが予想できる．図2.16には，各原子の表面積と沸点の値を示す．各原子の表面積は水素との電気陰性度の関係から正比例的に上昇せずに傾きに変化があるが，物性値である沸点にも同様の傾向がみられる．この結果からも表面積に比例して沸点が変化していることがわかる．

　このように双極子と分子の大きさや表面積を考慮することにより，沸点などの分子間の集合に関する物性について推察することができる．

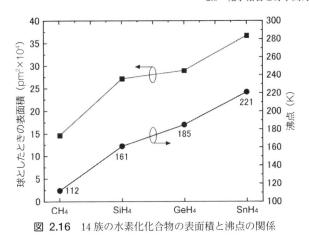

**図 2.16** 14 族の水素化化合物の表面積と沸点の関係

### 2.5.3 水素結合：なぜ第 2 周期だけ水素結合があるのか

　水素結合は図 2.12 に示すように分子間相互作用に分類されるが，かなり特殊な相互作用である．まずは，水素結合について図を用いて解説する．図 2.17 にはフッ化水素による水素結合を示した．**まれに，水素結合を"水素との結合"として分子内の共有結合を水素結合と勘違いしている生徒がいるが間違いである**．水素結合は水素を介して分子"間"（あるいは官能基"間"）にはたらく相互作用である．電気陰性度の大きい原子（フッ素，酸素，窒素）の間に水素原子を介することで生じる引き合う力である．フッ化水素（HF）の水素結合は，直線ではなくジグザグ構造で書かれていることが多いが，これはフッ化水素のフッ素がもつ三つの非共有電子対が四面体構造の頂点位置（図中の点線の丸）にあり，その非共有電子対が水素結合に関与するためである．また，水分子においても二つの水素結合が生じるが，四面体の各頂点方向に水素結合が生じるのは，水分子の非共有電子対と共有電子対が四面体方向に広がっているためである．なお，水素結合は分子間での相互作用と強調したが，サリチル酸や 2-ニトロフェノールなどでは分子内でも官能基間で水素結合が生じている（図 2.17）．分子内の相対的な置換位置（1,2-位置（オルト位），1,3-位置（メタ位），1,4-位置（パラ位））の違いにより分子量や官能基が同じでも物性が大きく異なるのは分子内の水素結合が関与していることが多い．

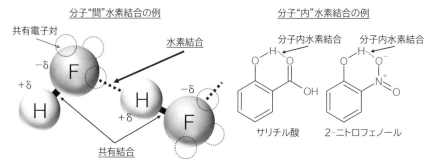

図 2.17 分子間水素結合と分子内水素結合

さて，早速復習であるが，極性分子や無極性分子にかかわらず分子の大きさ（分子量）や表面積（分子の幾何学構造）が増加するにつれて，沸点などの物性値は高い値を示す．これを覆すのが"水素結合"である．図 2.18 には，14～17 族の第 5 周期までの水素化合物の分子量と沸点を示した．14 族の水素化合物（■）は分子量の増加に伴い，沸点が上昇することがわかる．一方，ほかの族については分子量がもっとも軽い第 2 周期の水素化化合物（$NH_3$，$H_2O$，HF）

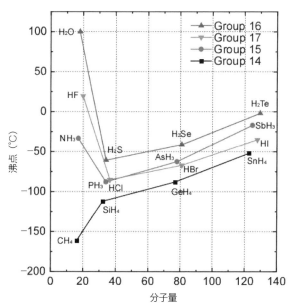

図 2.18 水素化合物の分子量と沸点（水素結合）

の沸点がもっとも高い．これは，もっとも電気陰性度が高い三つの元素である
フッ素，酸素，窒素に結合した水素原子に，とくに強い"双極子-双極子相互作
用"が発生するためである．これを，水素結合とよび，共有結合に比べては弱い
が，ほかの分子間相互作用よりもはるかに強いことがわかっている．**第2周期**
**だけ，顕著に水素結合が生じる理由は，その電気陰性度の大きさと分子のサイズ**
**が関係する**．結果として，分子内において強く分極した小さな分子間での相互作
用により非常に強く引き寄せられる．つまり，第3周期以降で水素結合による影
響があまり観察されないのは，電気陰性度の差が小さいことに加えて，その分子
サイズが大きいために，分子間が水素結合に有効な距離に近づくのが難しいから
である．また，16族である水（$H_2O$）がフッ化水素（HF）やアンモニア（$NH_3$）
に比べて沸点が高いのは，二つの水素結合を形成するからである．図 2.17 に示
すように，水素結合は，非共有電子対との水素を介した結合のため，水分子のみ
"二つ"の水素結合を形成することができる．

## 演 習 問 題

**Q 1** イオン化エネルギーが大きい族はどれか．次の選択肢から選びなさい．（解説は p.27）
   1．アルカリ金属　　2．アルカリ土類金属　　3．ハロゲン　　4．貴ガス
**Q 2** 同族において原子半径の増大はイオン化エネルギーにどう影響するか．正しいほ
うを選びなさい．（解説は p.28）
   1．大きくなる　　2．小さくなる
**Q 3** 同周期において原子番号が増えるとイオン化エネルギーの傾向はどうなるか．正
しいほうを選びなさい．（解説は p.28）
   1．大きくなる傾向にある　　2．小さくなる傾向にある
**Q 4** 第2周期で窒素から酸素でイオン化エネルギーが減少する．この減少する原因の組
合せとしてもっとも適切な選択肢を選びなさい．（解説は p.29）
   1．s軌道と閉殻構造　　2．s軌道と反閉殻構造　　3．p軌道と閉殻構造　　4．p軌
   道と反閉殻構造
**Q 5** 電子親和力が大きい族はどれか．次の選択肢から選びなさい．（解説は p.30）
   1．アルカリ金属　　2．アルカリ土類金属　　3．ハロゲン　　4．貴ガス
**Q 6** 第4周期までの原子でもっとも電子親和力が大きいのはどれか．次の選択肢から選
びなさい（解説は p.31）
   1．フッ素　　2．塩素　　3．臭素　　4．ヨウ素
**Q 7** イオン化エネルギーと電子親和力のエネルギーについてもっとも適切な選択肢を
選びなさい．（解説は p.33）

48　第 2 章　電子の相互作用が導く原子特性

　　1．イオン化エネルギーのほうが大きい　　2．電子親和力のほうが大きい　　3．同じ

**Q 8**　もっとも電気陰性度が大きい原子はどれか．次の選択肢から選びなさい．（解説は p. 34）

　　1．フッ素　　2．塩素　　3．臭素　　4．ヨウ素

**Q 9**　15 族の第 3 周期のリン（P）は水素より電気陰性度が大きいか小さいか．正しいほうを選びなさい．（解説は p. 35）

　　1．大きい　　2．小さい

**Q 10**　電荷の偏りを極性という．分子内に極性をもつ分子で無極性分子はどれか．次の選択肢から選びなさい．（解説は p. 37）

　　1．フッ化水素　　2．水　　3．アンモニア　　4．二酸化炭素

**Q 11**　メタン（$CH_4$）の H をクロロに置き換えたモノクロロメタン（$CH_3Cl$）からテトラクロロメタン（$CCl_4$）のうち，極性分子を次の選択肢からすべて選びなさい．（解説は p. 38）

　　1．$CH_3Cl$　　2．$CH_2Cl_2$　　3．$CHCl_3$　　4．$CCl_4$

**Q 12**　分子内で極性が生じている状態を"分極"あるいは"双極子モーメント"という．双極子モーメントの説明で正しいほうを選びなさい．（解説は p. 39）

　　1．$-\delta$ から $+\delta$ への向き　　2．$+\delta$ から $-\delta$ への向き

**Q 13**　非金属と金属による物質は，何結合である可能性が高いか．もっとも適切な選択肢を選びなさい．（解説は p. 41）

　　1．金属結合　　2．共有結合　　3．イオン結合　　4．分子間力

**Q 14**　次の分子間相互作用で 2 番目に強い相互作用はどれか．もっとも適切な選択肢を選びなさい．（解説は p. 43）

　　1．双極子-双極子相互作用　　2．双極子-誘起双極子相互作用　　3．瞬間双極子-誘起双極子相互作用

**Q 15**　ハロゲン分子は無極性分子であり，分子サイズの増加に伴い，気体から固体へと変化する．これは次のどの相互作用が効いているのか．もっとも適切な選択肢を選びなさい．（解説は p. 44）

　　1．双極子-双極子相互作用　　2．双極子-誘起双極子相互作用　　3．瞬間双極子-誘起双極子相互作用

**Q 16**　水素結合はどの分子間相互作用に分類され得るのか．もっとも適切な選択肢を選びなさい．（解説は p. 45）

　　1．双極子-双極子相互作用　　2．双極子-誘起双極子相互作用　　3．瞬間双極子-誘起双極子相互作用

解答　Q 1：4，Q 2：2，Q 3：1，Q 4：3，Q 5：3，Q 6：2，Q 7：1，Q 8：1，Q 9：2，Q 10：4，Q 11：1・2・3，Q 12：1，Q 13：3，Q 14：2，Q 15：3，Q 16：1

第 3 章

# 電子の軌道とエネルギー準位：
# 化学結合の形成過程

## 3.1 発光スペクトルと離散的（とびとび）な値

◀ **本節を読んでできるようになること** ▶
・輝線スペクトルがとびとびの値をとる理由を理解する．

　太陽光や白熱電球はさまざまな波長の光を含んでおり，プリズムで光を分けることで，それは虹のようなスペクトルとして観察することができる．実際の虹も，大気中の水蒸気がプリズムの役割を果たし，太陽光が波長によって分けられたものである．**虹のような切れ目のないスペクトルは連続スペクトル**といわれる．太陽光のほかにも，水素だけを入れた放電管に高電圧をかけると光が発生する．この光をプリズムで分光すると，先ほどの連続スペクトルとは異なり，**数か所に"とびとび"の輝線**が現れる．これを輝線スペクトルという（図 3.1）．ナトリウム（Na）や水銀（Hg）をはじめとするほかの元素も固有の輝線スペクトル

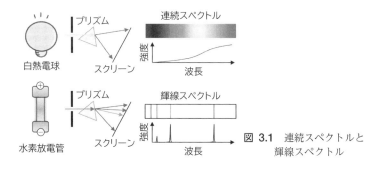

図 3.1　連続スペクトルと輝線スペクトル

をもつことが知られている.

各原子や分子には,電子が存在できる特定のエネルギー(準位)があり,これらの準位は量子力学的な法則に従って不連続(離散的)に存在する.電子はこれらの準位の間でエネルギーを吸収したり放出したりすることで遷移し,遷移が可能なのはこれらの離散的な準位間のみである.

## 3.2 エネルギー準位

◀ **本節を読んでできるようになること** ▶
・エネルギー準位と各種電子移動(吸光・発光・励起・緩和)を理解する.

"準位"といわれるとわかりにくいが,英語で書くと"energy level"である.原子にはいくつかのエネルギー状態(エネルギーレベル)があり,もっともエネルギーの低い状態を"基底状態"とそれ以外のエネルギーの高い状態を"励起状態"とよぶ.エネルギーの低いものから第1励起状態,第2励起状態という(図3.2).エネルギー準位の電子移動を通して,**吸光,発光,遷移,励起,緩和という用語を学ぶ**.

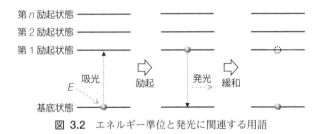

図 3.2 エネルギー準位と発光に関連する用語

基底状態にある電子は,何らかのエネルギーを吸収(吸光)して,励起状態へと遷移する.励起状態の電子はエネルギーが高く不安定な状態といえるので.エネルギーを放出しながら基底状態へと緩和する.この放出するエネルギーが光として観測される場合,発光という.また,励起と緩和の代わりに両方の意味で遷移を使うこともある.

## 3.3 分子の電子式とルイス構造式（点電子構造式）

◀ **本節を読んでできるようになること** ▶
・分子の電子式とルイス構造式から形式電荷を計算できる．

### 3.3.1 不対電子と共有電子対と非共有電子対

ルイスのオクテット則に基づいたルイス構造式（点電子構造式）が原子や分子の電子構造について簡便な理解を与えてくれる．電子式やルイス構造式の前に，電子の名称についておさらいする（図 3.3）．電子は"対（pair）"をなすことで結合が新たに形成されると考える．個々の原子で対をなしていない電子を"不対電子"という．原子同士が互いの不対電子を共有することで結合し，結合することでできた電子対を"共有電子対"あるいは"結合電子対"という．また，結合には関与しない原子がもともと所有している電子対を"非共有電子対"あるいは"孤立電子対"という．以後，共有電子対（共有電子）と非共有電子対（非共有電子）を使う．共有電子対1組と共有電子2個は同じ意味である．なお，点電子構造は低分子であれば問題はないが，分子量が増えるにつれ電子対を記載するのは面倒になる．そのため，共有電子対を線，非共有電子対を省略した"構造式"という描画方法がある．

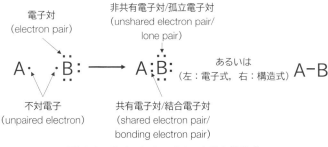

図 3.3　分子における電子の名称と構造式

## 3.3.2 ルイス構造の書き方と形式電荷の考え方

オクテット則とあわせてルイス構造の書き方について解説する．ルイス構造は感覚的にわかりやすいが，これから述べることは注意深く何度も学習してほしい．**ルイス構造は，"オクテット則"というルールを利用して分子構造を書く．**オクテット則は 8 個の電子で囲まれると安定になるというもので，これは原子軌道である s 軌道と p 軌道が貴ガスと同様に閉殻構造をとるためである（1.4.5 項参照）．なお，後述するような例外もあるが，軽い原子から構成される分子にはオクテット則がよく成立する．

以下に，硝酸イオン（$NO_3^-$）を例として解説する．図 3.4 とあわせてみてほしい．

① 価電子の総数を求める．価電子とは最外殻電子の数である．つまり，窒素原子（N）は 5 個，酸素原子（O）は 6 個の価電子をもつ．硝酸イオンは 1 価の陰イオンなので，$5 + 6 \times 3 + 1 = 24$ 個となる．

② 分子構造の書き方として，弱い電気陰性度あるいは化学式において最初に書かれる原子が分子構造の中心にくる傾向がある（水素原子は非共有電子を 1 個しかもたないので周囲の原子となる）．共有電子対に 6 個の電子を使うと，$24 - 6 = 18$ 個の電子が残る．各 O 原子に 6 個ずつの電子を分配すると O 原子はオクテット則を満たすが，中央の N 原子はオクテット則を満たさない．

③ O 原子がもつ非共有電子対をつかって，N=O の二重結合をつくることで，N 原子もオクテット則を満たせる．

④ 二重結合をつくるために非共有電子対を供給できる酸素原子は 3 種類あ

図 3.4 ルイス構造の書き方

る．結果として，3種類のルイス構造を書くことができる．実際の構造は，これらの三つの構造が瞬間的に入れ替わっている状態であり共鳴構造あるいは共鳴混成体ともいう（共鳴理論）．また，二重結合の電子は固定しているわけではなく，分子構造内において移り変わっており，このように電子の位置が特定されないことを"電子が非局在化している"という．

・形式電荷の計算

形式電荷とは，原子または分子内の原子がその共有電子対をどのように配分し，原子がその結合しているほかの原子と比較して電子を何個もっているか，または欠けているかを示す．形式電荷は以下の式で計算する．

**形式電荷 ＝ 価電子の数 － 非共有電子の数 － 1/2 × 共有電子の数**

これにより，原子が何個の電子をもっているか，そして原子のもつ電子が共有結合にどれだけ寄与しているかがわかる．形式電荷は，分子の安定性や反応性を理解するうえで重要な情報源となる．

先の硝酸イオンを例に実際に計算する．もともとの窒素の価電子は5個である．硝酸イオンの窒素に非共有電子はなく，共有電子は8個であるからそれぞれの3個の酸素と等分（1/2）すると4個である．式に当てはめると硝酸イオンの窒素の形式電荷は"＋1"となる．続いて，酸素の形式電荷は，**"共鳴構造"をとるので酸素全部の形式電荷の平均値をとる必要がある**．共鳴構造の一つを抜き出し，硝酸イオンの酸素原子は単結合の酸素が2個と二重結合の酸素が1個ある．単結合の酸素では，価電子は6個，非共有電子は6個，共有電子を等分するので1個となる．単結合の酸素の形式電荷は，'－1'と計算される．二重結合の場合，価電子は6個，非共有電子は4個，共有電子の等分により2個となる．つまり，二重結合の酸素の形式電荷は'0'となる．そして，酸素の形式電荷の平均は，$((-1) \times 2 + (0))/3 = -2/3$と算出できる．また，個々の原子で算出した形式電荷をルイス構造に記載する表記方法がある（図3.5）．

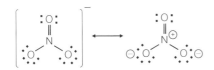

図 3.5 形式電荷を追記したルイス構造式

### 3.3.3 オクテット則に従わない分子構造

ここでは，**オクテット則に従わない3種類の例外**を解説する．

（ⅰ）**BeとBとAl**　原子番号4番のベリリウム（Be）および5番のホウ素（B）と13番のアルミニウム（Al）はオクテット則に従わない．Beは4電子，BとAlは6電子で分子として存在する．必ずしもオクテット則を満たす必要がない分子の代表例といえる（図3.6）．

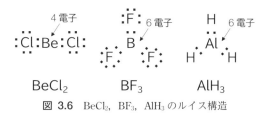

図 3.6　$BeCl_2$，$BF_3$，$AlH_3$のルイス構造

（ⅱ）**ラジカル**　電気陰性度が小さい原子が7電子状態となり，不対電子をもつラジカルを形成する．代表例に，$NO_2$，$ClO_2$がある．それぞれの価電子の総数は17（$NO_2$），19（$ClO_2$）で，いずれも奇数である．価電子総数が奇数の場合，電気陰性度の小さい原子の電子を奇数とするためNやClがラジカルとなる（図3.7）．

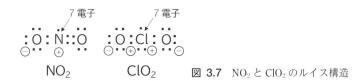

図 3.7　$NO_2$と$ClO_2$のルイス構造

（ⅲ）**第3周期以降の原子（原子番号11より重い原子）**　第3周期以降の原子はオクテット以外の電子配置をとる可能性がある．オクテット則を満たさず過剰に電子をもつことを電子過剰という．また，著者が学生の頃には硫酸（$H_2SO_4$）やリン酸（$H_3PO_4$）の硫黄（S）やリン（P）が電子過剰とされることが多かったが，いまではリンや硫黄はオクテット則を満たすほうが正しいとされている（図3.8右）．

電子過剰の［$SbF_6$］⁻（ヘキサフルオロアンチモンイオン）を例に電子過剰を

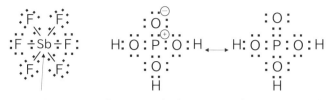

12 電子　　　過去には電子過剰の例であったリン酸もオクテット則を満たす

図 3.8　六フッ化アンチモンとリン酸

改めて確認すると，電子過剰な分子の形式電荷の算出方法を解説する．先と同様に，① アンチモン (Sb) の価電子は 5 個，フッ素は 7 個，−1 価の陰イオンなので，48 個の総価電子をもつ，② Sb を中心原子に F との単結合を考えると六つの単結合が必要なので，12 個の電子を使い，残りは 36 個となる．36 個の電子を周囲の F 原子に 6 個ずつ分配すると残りはゼロとなる．F 原子はオクテット則を満たすが，中央の Sb は 12 個の電子をもった電子過剰となる．こういった 8 個以上の電子をもつ原子が存在する化合物を**超原子価化合物**ともいう．

形式電荷は，$[SbF_6]^- = [SbF_4]^+ + 2F^-$ と過剰電子の原子をオクテット則に変更してから計算する．$[SbF_4]^+$ の Sb 原子の価電子は 5 個，非共有電子対はなく，共有電子対は 4 個となるので，形式電荷は +1 である．また，Sb と結合している四つの F 原子と二つの単独で存在する F 原子がある．Sb と結合している 4 個の F 原子の場合は，価電子は 7 個，非共有電子は 6 個，共有電子は 1 個なので形式電荷は 0 である．単独で存在する 2 個の F 原子の場合は，非共有電子は 8 個で，共有電子はないので −1 である．よって，各 F 原子の平均の形式電荷は $((0) \times 4 + (-1) \times 2)/6 = -1/3$ と算出できる．

## 3.4　VSEPR 則による占有度と分子の立体構造

◀ **本節を読んでできるようになること** ▶

・VSEPR 則から分子の立体構造を予想できる．

電子式やルイス構造式は平面的であり立体構造に関する情報はない．$H_2O$ や $NH_3$ には，水素と電子を共有する共有電子対と共有しない非共有電子対があり，これらの**共有電子対と非共有電子対の反発を考慮して立体構造を考える**のが VSEPR（valence shell electron pair repulsion model）則である．和訳す

56 第3章 電子の軌道とエネルギー準位：化学結合の形成過程

ると原子価殻電子対反発則といい，原子価殻とは最外殻のことである．立体構造
をどのように考えるか解説する．先に述べたルイス構造式をもとにして立体構造
を考える．電子対を"風船"に見立てて，それらの風船同士の反発が最小になる
密な配置をとるように分子の立体構造を考える．非共有電子対は結合電子を原子
間で等分していないため，結合電子を等分する共有電子対に対して，"ふくらみ
の大きい風船"と考える．なお，最終的な立体構造を示すさいには非共有電子対
は省略する．では，VSEPR則を考えるうえで次の二つを理解する必要がある．

① **分子の立体構造（占有度）**：中心原子に $n$ 個の共有電子対および $m$ 個の非
共有電子対がある場合，$(n + m)$ の値を占有度という．ここで気をつけて
ほしいのは，二重結合や三重結合の共有電子対は"2組"や"3組"などの"組"
として通常は数えるが，VSEPR則では多重結合は"1個"の共有電子対と
数える．つまり，二重結合も三重結合も"1個の共有電子対"として占有度
を考える．そして，この占有度の値によって，中心原子周りの電子対の反発
を考えることで分子の立体構造を予想できる．

② **中心原子を含む結合角の変化**：共有電子対を非共有電子対に変更するとい
うことは，"ふくらみの大きい風船"に変更することと同じことなので，全体
的に"ひずみ"が生じる．このひずみは，中心原子を含む結合角に影響する．
表3.1には占有度と分子の立体構造の関係を示した．電子対の組合せによって

**表 3.1 占有度と分子の立体構造**

| 占有度 立体構造 | 2 直線形 | 3 平面三角形 | 4 四面体形 |
|---|---|---|---|
| | | | |

| 占有度 立体構造 | 5 三方両すい形 | 6 八面体形 | 7 五方両すい形 |
|---|---|---|---|
| | | | |

"正"八面体となったり,"歪"三方両すいともなったりする.

各占有度と具体的な例について解説する.高校理科の"化学基礎"において分子の構造と結合角を暗記させるが,占有度4の解説が暗記の助けになる.

**(i) 占有度2:二酸化炭素($CO_2$)と一酸化炭素(CO)** 二酸化炭素(O=C=O)の炭素は2個の共有電子対(二重結合)と0個の非共有電子対をもつので,占有度は2となる.一酸化炭素(C≡O)の炭素は1個の共有電子対(三重結合)と1個の非共有電子対をもつので占有度は2となる.両分子とも図3.9に示すように直線構造となり,中心元素を含む結合角は180°となる.

図 3.9 占有度2:二酸化炭素と一酸化炭素

**(ii) 占有度3:三フッ化ホウ素($BF_3$)および二酸化硫黄($SO_2$)** 図3.10に示すように,三フッ化ホウ素のホウ素は3個の共有電子対のため,占有度は3となり平面三角形となる.中心のホウ素を含む結合角は120°となる.続いて,二酸化硫黄の硫黄は,2個の共有電子対(単結合が1個と二重結合が1個)と1個の非共有電子対なので,占有度は3となり平面三角形となる.先の三フッ化ホウ素と違って,一つの非共有電子対を中心原子がもつので分子がひずむ.図3.10右に示したように,非共有電子対をふくらみの大きい風船と考えれば,共有電子対を矢印方向に押すと想像できる.結果として,硫黄を含む結合角は119°であり,わずかにひずむことがわかる.また,占有度は同じであるが,立体構造の名称が$BF_3$と$SO_2$では異なる.最終的な分子構造には非共有電子対は表示しない

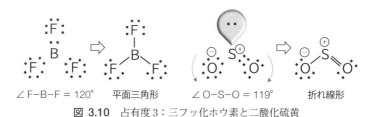

図 3.10 占有度3:三フッ化ホウ素と二酸化硫黄

ため，二酸化硫黄は"折れ線形"構造となる．

**（ⅲ）　占有度4：メタン（CH₄）・アンモニア（NH₃）・水（H₂O）**　結論からいうと，メタン，アンモニア，水はすべて占有度が4のため，四面体構造をとる（図3.11）．ただし，非共有電子対の数が違うので，その立体構造の名称と結合角が異なる．メタンの中心原子である炭素には4個の共有電子対があり，非共有電子対はもたないため，占有度は4の四面体構造をとる．メタンは"正"四面体（tetrahedron）形をとるため，中心原子の炭素を含む結合角は109.4°と正四面体構造の重心と二つの頂点のなす角度を幾何学的に計算できる．続いて，アンモニアも占有度4なので四面体となるが，一つの非共有電子対をもつため，立体構造がひずみ結合角が若干小さい106.7°となる．また，二酸化硫黄と同様に非共有電子対は省略されるので，アンモニア分子の立体構造としては三角すい（pyramid）形となる．水はさらにひずみ，結合角は104.5°となる．二つの非共有電子対は省略されることで，折れ線形構造となる．

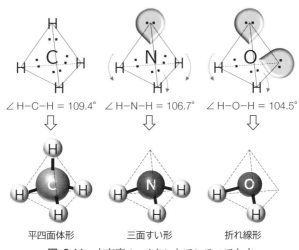

図 3.11　占有度4：メタンとアンモニアと水

占有度が3の二酸化硫黄と占有度が4の水は同じ"折れ線形"構造ではあるが，その結合角に差が生じるのはこのためである．

**（ⅳ）　占有度5，6，7**　占有度5〜7の代表例については動画を参照してほしい．本書では動画で扱っていない三ヨウ化物イオン（$I_3^-$）とテトラフルオロ

キセノン（XeF$_4$）について述べる．

ヨウ素デンプン反応の青紫色の呈色の原因でもある三ヨウ化物イオンの電子式は，両端のヨウ素はオクテット則を満たすが中央のヨウ素は電子過剰となる（図3.12左）．中央のヨウ素には，共有電子対が2個，非共有電子対が3個あることがわかる．つまり，占有度は5であり，三方両すい形であることがわかる．VSEPR則から，三角すいの底面の三方向に非共有電子対があり，上下に共有電子対がくる．結果，三ヨウ化物イオンの立体構造は"直線形"となる．

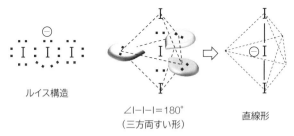

**図 3.12** 三ヨウ化物イオンのルイス構造とVSEPR則による立体構造

XeF$_4$は中心原子である貴ガスのキセノン（Xe）に四つのフッ素が結合している分子である．貴ガスは，高校化学においてほかの原子と反応しないと教えられるが，XeF$_4$分子は実在する．貴ガス元素の価電子は反応に関与しないので"0"と定義されるが，XeF$_4$の場合，フッ素と結合しているのでキセノンの価電子数は"8"となる．このうち四つが結合に使われるので，共有電子対が4個と非共有電子対が2個できる（図3.13左）．占有度は6となるので，VSEPR則によれば八面体形と予想できる．先の三ヨウ化物イオンと同様に，それぞれの電子対がもっとも反発が少なくなるような密な構造をとるように考えると，平面四角形方

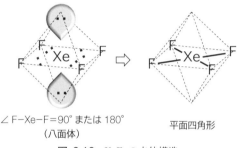

**図 3.13** XeF$_4$の立体構造

60 第3章 電子の軌道とエネルギー準位：化学結合の形成過程

向にフッ素原子が結合し，上下に非共有電子対がくるのが安定と想像できる．結果として，$XeF_4$ の結合角は 180° と 90° および平面四角形構造になることがわかる．なお，実際の $XeF_4$ も平面四角形であることがわかっている．

また，これら高周期典型元素の特徴の一つとして，形式的にオクテット則を超えた価電子を有する "超原子価化合物" が，安定に存在することが知られている．超原子価化合物を形成するさいの3原子の間の結合様式として提唱されているの

**表 3.2** 占有度と非共有電子対による分子の立体構造予想表（VSEPR 則）

| 占有度 | 非共有電子対の個数 | | | | |
|---|---|---|---|---|---|
| | 0 | 1 | 2 | 3 | 4 |
| 2 | X—A—X 直線形 | （直線形） | | | |
| 3 | 平面三角形 | 折れ線形 | | | |
| 4 | 四面体形 | 三角すい形 | 折れ線形 | | |
| 5 | 三方両すい形 | 歪四面体（シーソー形） | 歪三角形（T字形） | 直線形 | |
| 6 | 八面体形 | 四角すい形 | 平面四角形 | 歪三角形（T字形） | 直線形 |

※二つの原子から構成される分子はすべて "直線形" となる．

が"三中心四電子結合"である．ポーリング自身は典型元素の超原子価化合物の立体構造にd軌道の関与を考えていたが，現在は主流の考えではないことも記載しておく．これについては混成軌道において後述する[3.1)](p. 69参照)．

占有度と非共有電子対による分子構造の形の関係があることがわかったと思う．**表 3.2 は VSEPR 則による分子の立体構造の予測表**である．この表を暗記せずに，なぜそのようになるのかをつねに考えてもらいたい．

**（ⅴ） VSEPR 則の限界**　周期表の下にいけばいくほど原子サイズが大きくなる．大きな原子は小さな原子よりも立体構造をひずませる．そのため，第3周期以降の原子を含む場合，VSERP 理論の立体構造と結合角に大きな逸脱がみられ始める．そのため，第3周期以降の原子を含む分子の立体構造を VSEPR 則で考えるさいには角度はあまり参考にならない．しかしながら，数多くの分子構造の立体構造を予想する手段としては有効であり，いまでも広く受け入れられている．一方，VSEPR 則は化学結合の説明を与えるものではない．

## 3.5　原子価結合法（VB 法）による化学結合の理解

◀ 本節を読んでできるようになること ▶

・原子価結合法を通して，最外殻電子の原子間の結合について理解する．

### 3.5.1　原子軌道の重なりによる分子軌道

原子価結合法（valence bond theory）は，分子の化学結合を説明するための理論である．原子間の結合には最外殻の電子が使われる．この最外殻の軌道を原子価軌道とよぶ．当然，原子価軌道にある電子は価電子という．原子価軌道となる軌道は周期で決定され，第1周期では s 軌道，第2周期以降では s 軌道と p 軌道が関与する．たとえば，水素は 1s 軌道，炭素は 2s 軌道と 2p 軌道である．この理論では，原子同士が結合するさいに，原子価軌道の電子が互いに共有することによって"共有結合"を形成すると考える．

具体的には，原子がもつ電子は，結合が形成されるさいに原子価軌道が重なり合うことで新しく領域が広がった軌道が形成されると考える．電子スピンは互いに反対向きになりスピン対（パウリの排他原理）を形成し，結合先の原子核とも

相互作用することで安定化すると考えられる．なお，もっとも覚えておかなければならないことは，**結合する電子は原子間に"局在化"する**ということである（図3.14）．これが，後述する分子軌道法と大きく異なる点といえる．

では，実際の原子価軌道の重なりによって形成される軌道を解説する．分子によるポテンシャルエネルギーの変化は軌道がどのように重なっているかに依存する．図3.15には，二つの水素原子のポテンシャルエネルギーの和が，互いの水素原子が近づくにつれてどのように変化するかを示している．

原子が遠く離れているときは重なりがなく，ポテンシャルエネルギーの和がゼロとなる．片方の原子を固定して，もう一つの原子が接近すると原子と電子の静電引力によりエネルギーが低下し始める．それぞれの電子は結合先の原子核の引力を感じると同時に，電子は互いに反発する．また，原子核も同様に反発する．反発する力よりも引力のほうが強いため原子間の距離は徐々に近づき，エネルギーは減少する．原子価軌道の重なりが大きくなり，電子に対する原子核の引力は増加し，結合に関与する電子は両方の原子核と相互作用することで安定化し

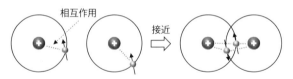

図 3.14　原子価結合法

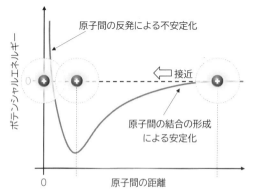

図 3.15　分子形成時のポテンシャルエネルギー

3.5 原子価結合法（VB法）による化学結合の理解　　63

始める．そして，原子間の距離がある特定の距離になると，ポテンシャルエネル
ギーはもっとも低い値になり分子として安定化する．このもっともポテンシャル
エネルギーが低い距離が原子間の結合距離であり，原子によって値が異なる．一
方で，原子核間がさらに近づくと，原子核間の反発力と電子間の反発力が原子間
の引力よりも強くなり，ポテンシャルエネルギーは上昇し始める．つまり，化学
結合する原子間の距離にはある一定の限界がある．

**（ⅰ）s 軌道の間に形成される結合　①**　　s 軌道は球対称の軌道である．二つ
の原子がある軸（$xyz$ 空間における $z$ 軸と仮定）に沿って近づく場合，形成され
る原子価結合を σ（シグマ）結合とよぶ（図 3.16 ①）．

**（ⅱ）p 軌道の間に形成される結合　② と ③**　　p 軌道はアレイ状の軌道であ
る．p 軌道は s 軌道とは異なり，結合する方向により軌道間の重なり方が異なる．
かりに，$z$ 軸上に沿って二つの原子が近づく場合を考える．前述の通り，結合す
るための原子間の距離には限界がある．図 3.16 の ② と ③ の原子間距離は同じ
にしてある．結合軸に対する p 軌道の方向によって，重なりが大きい結合（②）
と重なりが小さい結合（③）があることがわかる．結合軸に沿って重なりが大き
い結合を σ 結合とよび，結合軸に沿って垂直方向（側面）で結合するのを π（パ
イ）結合とよぶ．$z$ 軸を結合軸とした場合，結合軸に垂直方向になるのは $p_x$ 軌道
と $p_y$ 軌道の二つが存在する．

**（ⅲ）s 軌道と $p_z$ 軌道の間に形成される結合　④**　　図 3.16 ④ には s 軌道と
結合軸に沿った $p_z$ 軌道の結合を示した．図からもわかるように結合軸に沿った
重なりが大きい結合のため σ 結合となる．一方で，結合軸に垂直方向である p
軌道（$z$ 軸を結合軸とした場合，$p_x$ と $p_y$）とは結合をつくりにくい．結合がつく
りにくい理由については分子軌道法で解説する（p.77 参照）．

　まとめると，**結合軸に沿って重なりが大きい結合を "σ 結合" とよび，結合軸
に対して垂直方向に伸びた重なりが小さい結合を "π 結合" とよぶ**．図 3.16 ④
で示したように原子軌道が変わっても同様の考えで "σ 結合" と "π 結合" を定
義できる．当然，s 軌道と d 軌道についても同様のことがいえ，$z$ 軸を結合軸と
した場合，s 軌道と $d_{z^2}$ 軌道は "σ 結合" となる．

**（ⅳ）δ（デルタ）結合と φ（ファイ）結合**　　p 軌道が結合軸に対して垂直
方向に弱い重なりで結合をするのを π 結合と説明した．この弱い重なりの結合に
ついて，d 軌道間では "δ 結合"，f 軌道間では "φ 結合" とよぶ．解説動画をあ

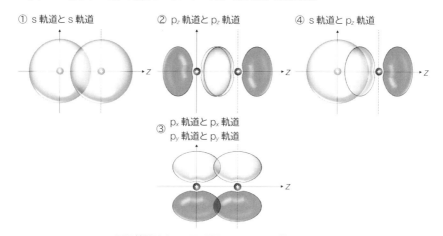

原子核間はすべて同じ間隔になるように描画している
図 3.16 原子軌道の重なりによる結合のようす

わせて確認してもらいたい．

### 3.5.2 原子価結合法の弱点

VSEPR 則では説明ができなかった化学結合（共有結合）について原子価結合法は明快な解答を与えてくれる．一方で，下記の四つの問題点がある．

**Q 1** 炭素の最外殻電子配置は $2s^2 2p^2$ であり，2s 軌道の電子は電子対を形成しているために，結合に関与できるのは 2p 軌道の二つの電子だけである．この二つの電子で炭素原子が 4 本の結合をもつ理由を説明できない．

**Q 2** 原子価結合法は原子間で電子を所有する．硝酸イオンやベンゼンなどの電子が非局在化する分子の結合状態（原子間距離など）を説明できない．

**Q 3** 酸素分子（$O_2$）が不対電子をもつ理由を説明できない．ルイス構造をはじめ酸素分子が不対電子をもつような構造とならない．

**Q 4** ペリ環状反応の反応機構を説明できない．

この Q1 と Q2 については，先に紹介した共鳴理論や後述する混成軌道を導入することで説明できる．一方で，Q3 と Q4 には分子軌道法の理解が必要となる．Q4 のペリ環状反応については本書では取り扱わない．では，これらの疑問について混成軌道や分子軌道法を通して理解を深めよう．

## 3.6 混成軌道と分子の形 ▶

◀ **本節を読んでできるようになること** ▶
・混成軌道により分子の形状と結合を理解する.

混成軌道を学び始める前に,これまでの内容を簡単に復習する.
① VSEPR則により立体構造を予想できる.
② 原子軌道は,s軌道が球状,p軌道は$x$, $y$, $z$軸に沿って広がったアレイ状
原子価結合法による分子の立体構造の問題点を,具体例としてメタン($CH_4$)で考えてみる.一つ目には,原子軌道は互いに90°の関係にあるが,メタンの結合角は109.5°の正四面体構造である.二つ目には,炭素の化学結合に使える最外殻電子は2個(2p軌道)しかなく,四つの水素原子と結合してメタンを形成できない.しかし,四つのC—H結合は等価なエネルギーをもつことが分光分析から明らかになっている.これらの課題に対して解決策を見出したのは,ライナス・ポーリングである.ポーリングは,観測された実験事実を説明するために,化学結合を"混成"するモデルを提案した.ここで注意してほしいことは,混成軌道は数学的なモデルなだけであって,原子軌道が実際に混成軌道のような形に変化しているわけではないことである.混成軌道は,観察可能な分子軌道に基づいて原子軌道がどのようにみえるかを説明する"数学的モデル"なだけである.

### 3.6.1 混成軌道の形成

炭素の電子配置は,$1s^22s^22p^2$であり,化学結合に関与するのは最外殻電子あるいは原子価軌道の$2s^22p^2$である.三つのp軌道($p_x$, $p_y$, $p_z$)は等価なエネルギーをもっている.フントの規則を考慮すると,図3.17のようにp軌道に2個の電子が収容される.不対電子はp軌道の2個しかないので,メタンなどの四つの結合を形成するために"分離(decoupling)"する必要がある.

図に示したように,価電子を再配置(混成)することで,軌道のエネルギー準位は互いに等価となり,実質的にs軌道とp軌道が縮退(同じエネルギーになることを縮退という)する.この再配置により,混成軌道の形成が可能となり,軌道の組合せにより3種類の混成軌道を考えることができる.

混成軌道の形成において,重要なポイントが二つある.一つに,混成前の原子

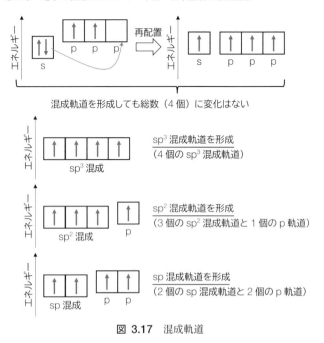

**図 3.17** 混成軌道

軌道の数と混成後の軌道の数は同じ数である．つまり，一つの s 軌道と三つの p 軌道から四つの混成軌道が形成されるということである．二つ目としては，混成軌道に使われなかった p 軌道は π 結合を形成する．

## 3.6.2 sp³ 混成軌道

一つの s 軌道と三つの p 軌道から四つの sp³ 混成軌道ができる．四つの sp³ 混成軌道は縮退しており，VSEPR 則によれば"電子対がもっとも反発が少なくなるような密な構造をとる"と考えればよいので四面体構造になる．四面体構造となった sp³ 混成軌道の各頂点に水素原子の s 軌道が重なることで，σ 結合である原子価結合（共有結合）が形成され，正四面体のメタンとなる（図 3.18）．

sp³ 混成軌道により，結合に関与できるのが 2p 軌道の二つの電子しかない炭素原子でも四つの結合をもつメタンの立体構造を説明できた．また，エタン（$C_2H_6$）などに拡張しても，各炭素原子は四面体形を形成しながら，C—C 単結合によるσ 結合が sp³ 混成軌道により形成されていることがわかる．では，混成軌道を二重結合や三重結合の多重結合を含む分子にも応用ができるのか解説する．

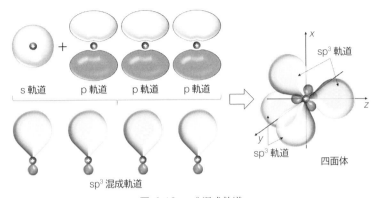

図 3.18 sp³ 混成軌道

### 3.6.3 sp² 混成軌道と sp 混成軌道

　sp³ 混成軌道と同様に，一つの s 軌道と二つの p 軌道から sp² 混成軌道が三つできる．三フッ化ホウ素の中心原子であるホウ素の電子配置は $1s^22s^22p^1$ である（図 3.10）．混成軌道を考えると三つの sp² 混成軌道を考えることができ，この三つの混成軌道がもっとも離れる立体構造は正三角形である．図 3.10 に示したように三フッ化ホウ素の立体構造が正三角形になっていることは混成軌道からも説明ができる．炭素の場合，この混成軌道に p 軌道が加わった四つの原子価軌道の立体構造が三方両すい形になることがわかる（図 3.19）．

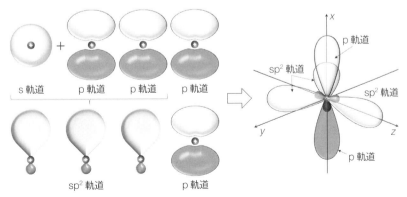

図 3.19 sp² 混成軌道

エテン（旧名 エチレン，$C_2H_4$）を例に，分子構造と $sp^2$ 混成軌道を考える（図 3.20）．三つの混成軌道は，二つの C—H の σ 結合と C=C の二重結合の σ 結合を形成する．そして，C=C 二重結合の結合軸に対して垂直方向に伸びた混成軌道の形成に関与しなかった p 軌道の重なりによって π 結合が形成される．

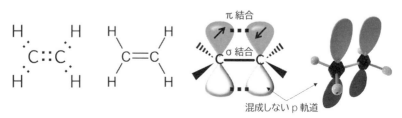

**図 3.20** エテンのルイス構造と混成軌道による立体構造と HGS 分子構造模型

続いて，$sp^2$ 混成軌道と同様に考えると，sp 混成軌道は二つの sp 混成軌道と二つの p 軌道から構成される（図 3.21）．この二つの p 軌道は結合する混成軌道に対して垂直方向に配向するため，二つの π 結合が形成される（図 3.21）．

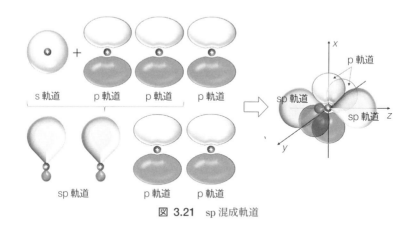

**図 3.21** sp 混成軌道

具体例として，エチン（旧名 アセチレン，$C_2H_2$）がある．図 3.22 に示すように，炭素間の結合は σ 結合と二つの π 結合によって三重結合が形成される．末端の sp 混成軌道と水素原子間で σ 結合による単結合が形成されることで直線形であるエチン分子となる．

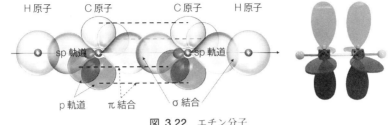

図 3.22　エチン分子

　ここで，**結合軸の"回転"**についても考えてみよう．エタン（$C_2H_6$）の C—C 単結合を形成している σ 結合は回転させても結合が切れることはないが，エテンやエチンのように多重結合をもつ分子の場合，炭素間の結合を回転させようとすると π 結合を形成している p 軌道間の重なりが切れることが図からもわかる．これが単結合に比べて，多重結合の回転障壁が高い理由の説明になる．

　また，混成軌道は原子核周りの原子軌道の数に比例していることがわかる．VSEPR 則により分子の立体構造を予想し，その形状がどのように形成されるのかを混成軌道で論じている．つまり，VSEPR 則での占有度 2 の立体構造が sp 混成軌道で形成されるように，占有度 3 は $sp^2$ 混成軌道，占有度 4 は $sp^3$ 混成軌道が関係する．では，**占有度 5，6，7 の立体構造を考えるためには，どのような混成軌道が必要かというと"d 軌道"も含めた混成軌道**といえる．

### 3.6.4　d 軌道が関与する混成軌道とその背景

　四つより多い結合手をもつ立体構造である三方両すい形や八面体形を形成するには，5 番目の原子価殻の原子軌道である d 軌道を考慮する必要がある．つまり，s 軌道と三つの p 軌道による結合手が"四つ"の $sp^3$ 混成軌道に d 軌道を一つ加えた $sp^3d$ 混成軌道により結合手は"五つ"と考えることができる．同様に，六つの結合手を必要とする八面体では，さらに d 軌道を加えた $sp^3d^2$ 混成軌道を使う．また，内殻の d 軌道である 3d 軌道と 4s 軌道 4p 軌道の混成軌道が "$dsp^3$ 軌道"であり，同じ原子殻である 4s 軌道 4p 軌道 4d 軌道の混成軌道が"$sp^3d$ 軌道"と書き分けることに注意してほしい．

　なお，前述の通り，高周期典型元素における高配位化合物において d 軌道を加えた混成軌道で解説されていることがあるが，現在では主流の考えではないため，大学の授業においても徐々に内容が変わってきている．つまり，VSEPR 則

で説明した三ヨウ化物イオン（$I_3^-$）とテトラフルオロキセノンはd軌道による混成軌道の関与は少なく，d軌道を含めた混成軌道で立体構造の結合などを議論することはほとんど誤りとなる．しかしながら，典型元素である$PCl_5$や$SF_6$などの立体構造について d軌道を含めた混成軌道で考えても幾何学構造はうまくあてはまるということも知っておいてほしい．

　混成軌道は，原子価殻が中心原子に近接している低周期の原子についてはうまく当てはまるが，**より大きな原子では，原子価殻の電子が原子核から離れるため，互いの反発が少なくなる．つまり，VSEPR則と一致しない構造を示し，混成軌道は考える必要がないことがある．**具体例として，水（$H_2O$）の結合角∠H—O—Hの104.5°を理解するために，$sp^3$混成軌道（109.5°）による四面体構造と非共有電子対による反発を考慮した．酸素原子と同族元素である硫黄やテルル（Te）の水素化合物である硫化水素（$H_2S$）とテルル化水素（$H_2Te$）の観察された結合角は，それぞれ∠H—S—H = 92.1°と∠H—Te—H = 90°である．つまりは，第3周期の元素から混成軌道の寄与は少なく，混成していないp軌道との重なりで理解することができる（図3.23）．

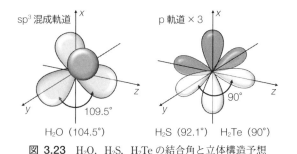

**図 3.23** $H_2O$, $H_2S$, $H_2Te$の結合角と立体構造予想

## 3.6.5 遷移金属錯体の d 軌道の縮退と分裂について

　混成軌道の話の流れで d軌道が出たので少し触れておこう．遷移金属には5種類の d軌道が存在する．$d_{x^2-y^2}$と$d_{z^2}$は座標軸に沿って軌道が広がり，$d_{xy}$, $d_{yz}$, $d_{zx}$はそれぞれの下付き文字の平面に軌道が広がっている（図3.24）．

　6配位八面体構造の金属錯体を考える場合，原点に金属原子を置き，各座標軸

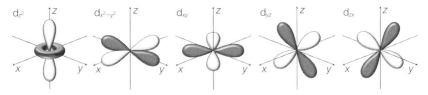

**図 3.24** 5 種類の d 軌道

に沿って配位子がもつ非共有電子対を金属の d 軌道に供与することで結合する．配位子は軸に沿って負の電荷を向けて近づいてくると考える．遷移金属の5種類の d 軌道は，その形状や方向は異なるが錯体を形成する前は同じエネルギーとみなせ五重に縮退している．遷移金属は電子が豊富なため，非共有電子対をもつ配位子が軸に沿って近づく場合，軌道の形(方向性)によって静電的な反発に"差"が生じる．五つの d 軌道のうち，座標軸方向に軌道の広がりがある $d_{z^2}$ および $d_{x^2-y^2}$ 軌道は静電反発によりエネルギー準位が上昇する．この二つの軌道は縮退しており $e_g$ 軌道とよぶ．全体的なエネルギー総量は配位子が近づく前と同じなので，$e_g$ 軌道のエネルギーが上昇した分，軸間に軌道の広がりをもつ $d_{xy}$，$d_{yz}$，$d_{zx}$ 軌道のエネルギーは低下する．この三つの軌道も縮退しており $t_{2g}$ 軌道とよぶ(図 3.25)．このように $e_g$ と $t_{2g}$ に分裂した d 軌道に電子を収容させる場合は，エネルギー準位が低い $t_{2g}$ 軌道から電子を埋めるため，電子数や分裂のエネルギー幅にもよるが一般的には $t_{2g}$ には電子が満たされており，$e_g$ には電子が不足していると考える．これは，本章の異核二原子分子において重要となってくる．

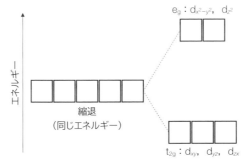

**図 3.25** 6 配位八面体形の金属錯体における d 軌道の縮退と分裂

## 3.7 分子軌道法（MO法） ▶

◀ **本節を読んでできるようになること** ▶
・分子軌道法と物性の成立ちを理解する．

　これまでの単元で，たいていの共有結合性分子について，ルイス構造を描き，VESPR則により分子の立体構造を推察し，原子価結合法（混成軌道など）で結合角や化学結合に関する予想ができるようになった．一方で，私たちが知り得る重要な分子の一つである酸素分子が磁場に引きつけられる理由を説明できていない．液化した酸素は磁石に引きつけられる．この**磁場への引力は常磁性とよばれ，不対電子をもつ分子の特徴**である．しかしながら，酸素のルイス構造をみる限り，電子はすべて対になっている．分子軌道法（molecular orbital methods, MO法）は，酸素分子の常磁性などの物質の性質や反応性の理解を与えてくれる．

・分子軌道（MO）法と原子価結合（VB）法の違い

　分子軌道法は，オクテット則を満たさない分子など多くの分子の結合について説明が可能であり，分子内の電子のエネルギー（準位）や反応性に関与する電子についてもモデルを提供してくれる．分子軌道法の電子は，共有結合した構成原子間に局在化しているわけではなく，分子全体に非局在化されると考える．原子価結合法では，原子の原子軌道と混成軌道の重なりから結合を解釈したが，分子軌道法ではすべての原子軌道の組合せを用いて分子軌道（結合性軌道と反結合性軌道）を形成させて考える．さらに，風船として考えた電子密度（共有電子対など）の数に基づいて分子構造を予想したが，分子軌道法では分子内の電子配置を原子軌道によって形成される分子軌道を用いて予想する．

### 3.7.1 分子軌道とLCAO-MO近似

　量子力学を考慮すると，電子には粒子性と波動性，つまりは"波"としての性質があることがわかっている．分子内の電子のふるまいは原子内のふるまいに類似した波動関数 $\psi$ によって記述できる．また，分子内の価電子が存在する可能性のある空間を分子軌道（$\psi^2$）とよぶ．分子軌道も原子軌道と同様に，互いに逆のスピンをもつ二つの電子で満たされる（フントの規則）．原子が結合して分子を形成したときに，波動関数がどのように記述できるかを考えていく．なお，

原子軌道を組合わせて分子軌道を考察する数学的プロセスを LCAO-MO (linear combinations of atomic orbitals molecular orbitals, 原子軌道の線形結合) 近似とよぶ. 突然, 多くの知らない単語ばかりで驚くと思うので, 簡単な絵で考えてみる. 波動関数とは, 電子が波として動くときの関数であり, 分子軌道は, 原子軌道の波動関数の組合せでできる. 図 3.26 に示すように, 二つの波動関数がある場合, 山と山が重なることで大きな波ができる増加的干渉と山と谷が互いを打ち消し合う減殺的干渉がある. 原子軌道は三次元的な波動関数であるが, 同じように考えることができ, 同位相の波が重なることで電子密度の高い空間を生成し, 逆位相では電子密度が存在しない領域が生成される.

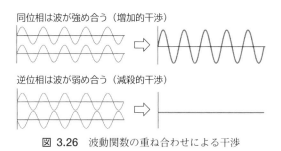

図 3.26 波動関数の重ね合わせによる干渉

では, 波動関数について水素分子を例に解説する. 二つの水素原子を近づけて 1s 原子軌道を重ね合わせると, 図 3.27 に示すように二つの波動関数を考えることができる. 原子軌道の白黒の色は波動関数の符号を表しており, 白は + の符号で, 黒は - の符号を表すとする. たとえば, プラスは膨張する方向, マイナスは収縮する方向のように, 波の動く方向を表していると考えてもらいたい. 同じ位相の波動関数を近づけると, 中央の結合部分で波動関数が重なり, 結果として波動が強め合うことから二つの原子殻を引きつける力も強くなる (図 3.27 左). 一方, 逆位相の波動関数を近づけていくと, 中央の結合部分で波動関数の符号が変わり, 値がゼロとなる点が生じる. これを"節 (せつ)"あるいは"節面 (せつめん)"とよぶ (図 3.27 右). 原子では, 原子核を中心に広がった原子軌道で電子の状態を考察したが, 分子では分子全体に広がる軌道関数で電子の状態を考察することになる. LCAO-MO 法では, 水素分子の分子軌道 ($\psi_i$) は水素原子 A と水素原子 B のそれぞれの 1s 原子軌道から次の線形結合の形 ($\psi_i(\boldsymbol{r}) = C_{Ai}\phi_{1sA}$

$(r) + C_{Bi}\phi_{1sB}(r))$ で表すことができる．$r$ は $x$-$y$-$z$ 座標空間における原子の位置ベクトル，$C_{Ai}$ と $C_{Bi}$ は原子軌道の分子軌道への寄与を示す分子軌道係数である．物理的意味をもつのは波動関数の絶対値の 2 乗が電子の位置 $r$ における電子が見出される存在確率（$|\psi_i(r)|^2 = |C_{Ai}\phi_{1sA}(r) + C_{Bi}\phi_{1sB}(r)|^2$）を表す．詳しい式の導出については YouTube 動画に譲るが，電子が見出される存在確率（$|\psi_i(r)|^2$）においても，同位相では電子の存在確率が存在し，逆位相では電子の存在確率がゼロとなる部分がある．**前者を結合性軌道，後者を反結合性軌道とよぶ**．図 3.28 からも明らかなように，結合性軌道は二つの 1s 原子軌道に分かれているよりも電子の存在している空間が広がるためにエネルギーが低下し安定化する．一方，反結合性軌道では結合部分の電子の存在確率がゼロあるいは低下するので，電子と原子核間の静電引力が低下し，原子核間の静電的な反発が強まり分子全体としてはエネルギー的に不安定化する．つまり，一般的には節が増えるほどエネルギー的に不安定化する．

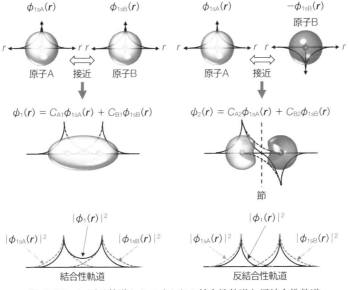

図 3.27　1s 原子軌道からつくられる結合性軌道と反結合性軌道

## 3.7.2 エネルギー図(結合性軌道と反結合性軌道)と結合次数

### a. s軌道とp軌道のエネルギー図

では,各原子軌道(s軌道,p軌道)によって形成される分子軌道について解説する.原子軌道(s軌道)と分子軌道(σ軌道)のエネルギー準位を図3.28に示した.二原子分子の場合,両端に結合前の原子軌道を描き,中央に形成される分子軌道を描く.それぞれの横線は,一つの軌道を示し二つの電子をもつことができる(パウリの排他原理).各軌道をつなぐ破線は,どの原子軌道の組合せによって分子軌道が形成されているかを示す.形成された分子軌道には原子軌道がもっていた電子をエネルギーが低い順に電子を入れていく(構成原理).先に示したように,2個($n$個)の原子軌道から2個($n$個)の分子軌道が形成され,必ず低エネルギー化する結合性軌道と高エネルギー化する反結合性軌道が形成される.図3.28はs軌道による重ね合わせなので,結合性軌道はσ(シグマ)軌道となり,反結合性軌道はσ*(シグマスター)軌道とよぶ.反結合性の分子軌道には"*:スター"が肩につく.さらには,原子核間の中点を対象心として符号が同じものを"g(gerade,偶関数)",符号が反転するものを"u(ungerade,奇関数)"としてσやπに下付きでつけることがある.gとuの判別方法は動画で確認すればすぐに理解できる.なお,軌道の重なりが大きいほど結合性軌道は安定化し,反結合性軌道は不安定化する(Walshのダイアグラム).

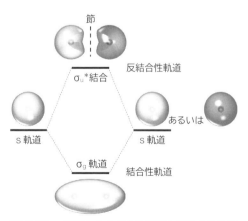

図 3.28 s軌道による結合性軌道と反結合性軌道

なお，厳密には，分子軌道のエネルギーの安定化と不安定化の度合いについては同程度のように解説あるいは描画されるが，反結合性軌道に比べて結合性軌道のほうが安定化の度合いが少ない．原子間が近づくことで原子軌道の重なりにより分子軌道は安定化する．しかし，近づけすぎると原子核間の静電反発により，結合性軌道のエネルギーは不安定化する．一方，反結合性軌道は逆位相による不安定化と原子核間の反発の二つのエネルギーの不安定化により，結合性軌道に比べてエネルギーの不安定化の度合いは大きくなる．つまりは，安定化と不安定化の度合いは同じではない．本書でもエネルギー分裂の度合いは結合性軌道のほうが分裂の度合いは少ないように図示している．

続いて，p軌道による分子軌道の形成を考える．配向性が異なる3種類のp軌道（$p_x$, $p_y$, $p_z$）がある（図3.29）．二原子分子は合計6個のp軌道があるので，三つの結合性軌道と三つの反結合性軌道ができる．三つのp軌道をエネルギー準位図に表す場合，縮退しているので横方向に軌道を並べる記載方法（−−−）と縦方向に並べる記載方法（≡）がある．どちらも同じ意味であり，エネルギー的に等価な3種類のp軌道を表している．図3.29にはz軸を結合軸とするp軌道

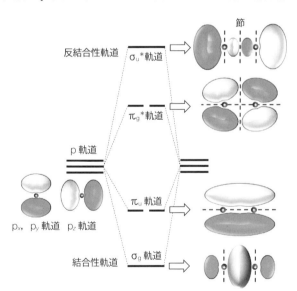

z軸を結合軸とする場合，・$p_z$原子軌道はσ結合を形成
・$p_x$, $p_y$原子軌道はπ結合を形成

**図 3.29** p軌道による結合性軌道と反結合性軌道

による分子軌道を考える.

　一つのp軌道には，位相が異なる二つの電子密度を表す空間があり，色を変えることにより表現している（図 3.16 の軌道の重なり方とあわせてみてほしい）. $z$ 軸を結合軸として，同位相の空間が重なると増加的干渉により電子密度が増加した結合性軌道である σ 軌道が形成される. また，逆位相が重なる場合は，節をもった反結合性軌道である σ* 軌道が形成される. 先の s 軌道による σ 軌道と判別するために，p 軌道による σ 軌道を $σ_p$ 軌道（あるいは $σ_{p_z}$ 軌道）と表記することもある. $z$ 軸に対して垂直方向である $p_x$ 軌道（あるいは $p_y$ 軌道）は横方向で重なることで，結合性軌道の π 軌道と反結合性軌道の π* 軌道を形成する. $p_x$ 軌道および $p_y$ 軌道は，空間的な配向を除いてエネルギー的に等価なため，形成される分子軌道も等価となる. つまり，図に示すように二つの π 軌道（π*軌道）は縮退していることから棒が横並びに描いている. また，σ 結合と π 結合のエネルギー安定化の度合いであるが，原子間距離を考慮した軌道の重なり度合いを考慮するとわかりやすい. つまり，軌道の重なりが大きい σ 結合は，重なりが小さい π 軌道に比べて安定化の度合いが大きいと推察できる. 結果として，図に示すようにエネルギー準位が低いほうから，σ 軌道 > π 軌道 > π* 軌道 > σ* 軌道となる. 同じ分子軌道の結合性軌道と反結合性軌道を比較すると，エネルギー的に不安定なほうが，節が多いことにも注目してほしい. 後述するが，この順序が入れ替わる特別な例があり，大学の定期試験や大学院試験で問われる基本的な問

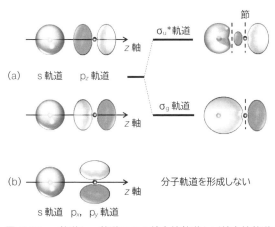

**図 3.30** s 軌道と p 軌道による結合性軌道と反結合性軌道

78　第3章　電子の軌道とエネルギー準位：化学結合の形成過程

題である．

　また，s軌道とp軌道による分子軌道はp軌道の配向性により重なり方が異な
る．z軸を結合軸とすると，図3.30（a）に示すように原子Aのs軌道と原子B
の$p_z$軌道は同位相あるいは逆位相の重なりが生じることで分子軌道が形成され
る．一方，図3.30（b）では位相がそろう場合とそろわない場合が"同時"に生
じるので，図3.30（a）の$p_z$軌道以外では分子軌道が形成されないと考える．な
お，二原子分子の原子間のs軌道とp軌道の重なりのことであり，1原子内のs
軌道とp軌道間の相互作用（s-p混合；後述する）やsp混成軌道のことではな
いので注意してほしい．

### b.　結合次数とHOMOとLUMO

　二つの原子間での結合の安定性の尺度を表す値として結合次数（bond order,
B.O.）がある．以前はルイス構造においても，単結合の結合次数を"1"，二重結
合を"2"，三重結合を"3"として教えていたが，結合の強さを直感的にわかる
ように多重結合がみえにくい分子軌道法において結合次数を計算するようになっ
た．**分子軌道法においては，結合性軌道に電子が入ると安定化し結合生成が有利
にはたらき，反結合性軌道に電子が入ると不安定化し結合の生成に不利にはたら
く．**これを踏まえて，分子軌道法における結合次数を求める式を以下に示す．な
お，ルイス構造の結合次数と分子軌道法の結合次数の数値は同じ意味である．

$$結合次数 = \frac{結合性分子軌道中の電子数 - 反結合性軌道中の電子数}{2}$$

　具体例を通して，結合次数の算出とその値の意味について解説する．図3.31
には，二原子分子として水素分子（$H_2$）と水素分子イオン（$H_2^+$）とヘリウム分
子（$He_2$）とヘリウム分子イオン（$He_2^+$）の分子軌道を示した．分子軌道への電
子の収容ルールは，構成原理とパウリの排他原理およびフントの規則で行う．水
素分子の場合，各水素原子が1個の電子をもつので，分子軌道である$1\sigma_g$に互い
にスピンを逆にした電子を収容できる．結合性軌道に2個の電子があり，反結合
性軌道には電子が存在しないので結合次数は1となる．結合次数が正の整数をと
るということは原子でいるよりも分子でいることのほうが安定であることを意味
している．また，結合次数が"1"はルイス構造でも示したように単結合を意味
する．続いて，電子を1個抜いた水素分子イオンの結合次数を同様に考えると，

"1/2 = 0.5" となる．結合次数は正の整数をとらない場合もある．整数とならない結合次数の代表例としては，共鳴構造をとるベンゼン（$C_6H_6$）では単結合の 1 と π 結合の 0.5 を合わせた結合次数が 1.5 となる．また，硝酸イオンは四つの電子対を三つの N—O が等分する構造であるから 4/3（= 1.333……）となる．

続いて，2 個のヘリウムが分子をつくった場合のヘリウム分子の結合次数は，結合性軌道に 2 個の電子と反結合性軌道に 2 個の電子があるので，結合次数は "0" となる．分子になることによるエネルギー変化はゼロになるので，ヘリウム原子が積極的に分子を形成する必要がないことがわかる．実際に，ヘリウムは二原子分子ではなく，離散的な単体として存在することがわかっている．結合次数が "0" ということは，二つの原子間に結合が形成されないことを意味する．これを専門的に述べると，**閉殻構造をもつ原子や分子の軌道が重なるときに生じる不安定化を "交換反発"** という．続いて，1 個の電子を抜いたヘリウム分子イオンでは，反結合性軌道の電子が 2 個少ないので，結合次数は "0.5" と算出され，分子になることで安定化する可能性がある．貴ガス元素は，それ自身は反応しないというのが一般科学における定説ではあるが，先の示した $XeF_4$ と同様に，$He_2^+$ や $He_2^{2+}$ は実験的にもスペクトルでその存在が確認されており，理論的にもある程度安定に存在できることが証明されている．

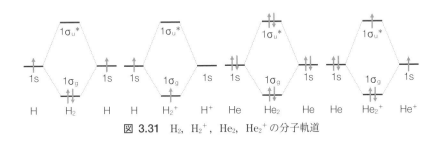

**図 3.31** $H_2$，$H_2^+$，$He_2$，$He_2^+$ の分子軌道

なお，$H_2$ と $H_2^+$ は同じ分子軌道で記述されるが，電子の数が異なるので厳密には異なるエネルギー準位の分子軌道になる．具体的には，$H_2$ に比べて $H_2^+$ は電子が 1 個なので電子間のクーロン反発がはたらかず，$H_2$ に比べて結合性軌道も反結合性軌道も二つの原子核の近くにあることが予想される．つまりは，**結合性軌道と反結合性軌道の分裂の幅が狭くなり，また全体的にエネルギー準位が下がる**ということである．逆に，1s 軌道に比べて 2s 軌道は電子の存在領域が広い

ので，2s 軌道によって形成される分子軌道は分裂の幅が広くなる．

### 3.7.3　等核二原子分子と s-p 混合（s-p mixing）

　大学の定期試験あるいは大学院入試において，分子軌道法を理解しているかを問う問題として"s-p 混合（s-p mixing）"による分子軌道の順番の入れ替わりがある．先に第 1 周期である水素原子とヘリウム原子の二原子分子について考察したが，次は第 2 周期の原子である八つの二原子分子の形成（$Li_2$，$Be_2$，$B_2$，$C_2$，$N_2$，$O_2$，$F_2$，$Ne_2$）をとおして，"s-p 混合（s-p mixing）"と酸素分子が磁性をもつ理由なども解説する．第 2 周期は，価電子の原子軌道として 2s，$2p_x$，$2p_y$，$2p_z$ により形成される結合性と反結合性の分子軌道に対して順番に電子が収容される元素群である．$z$ 軸を結合軸として，2s 軌道間で形成される 2σ および 2σ*，$2p_z$ 軌道間で形成される 3σ と 3σ*，$2p_x$（$2p_y$）軌道間で形成される 1π および 1π* のそれぞれの分子軌道に構成原理，パウリの排他原理，フントの規則を適用して，順番に電子を埋めたのが図 3.32 となる．

　結合次数の値からも，ベリリウムとネオン（Ne）が二原子分子として存在しないことを予想できる．$Be^2$ は $1s^2 2s^2$ の電子配置をもち準閉殻であるため，貴ガスである He と同様に二原子分子となることによるエネルギー利得が生じず分子となりにくい．一方，He とは異なり p 軌道をもつため s-p 混合により，反結合性軌道（2σ*）に比べて結合性軌道（2σ）のエネルギー利得が大きく，わずかに結合が生じることが理論的にもわかっており，気相中においてジベリリウムの存在を確認している[3.2)]．

　ホウ素は三つの価電子をもつことから，ホウ素分子（$B_2$）のルイス構造ではオクテット則を満たさない三重結合の分子（B≡B）と考えることができる．分子軌道法においては，二つの電子が二つの縮退した分子軌道を占有するビラジカル状態であり結合次数は 1 である．また，対になっていない電子を軌道にもつことからもわかるように常磁性である．ホウ素の化学は有機化学の分野において活発に研究されており，2012 年にはホウ素-ホウ素三重結合をもつジボリンの合成・単離に成功した論文が報告されている[3.3)]．

　続いて，炭素原子の類縁体としては聞きなれない二原子炭素（diatomic carbon）はろうそくの青い炎や彗星など宇宙空間からのスペクトルにより古くからその存在は知られている．価電子は 4 であることから，価電子をすべて共有結

合に向ければ四重結合を形成することでオクテット則を満たす二原子炭素が形成すると考えられる．分子軌道法では結合次数は2である．結合長のスペクトル観察結果からエテン（旧名 エチレン，$H_2C=CH_2$）より短くエチン（旧名 アセチレン，$HC \equiv CH$）より長いことから二重結合か三重結合としてふるまうことが実験化学的に結論づけられていた．2012年に高精度量子化学計算より"四重結合性をもつ"ことがイスラエルの研究チームから提唱され注目された[3,4]．2020年に宮本らにより常温常圧下での$C_2$合成が報告され，物性評価から"四つの結合（四重結合）を有すること"がわかり，先の理論予測を強く支持した結果を報告している[3,5]．

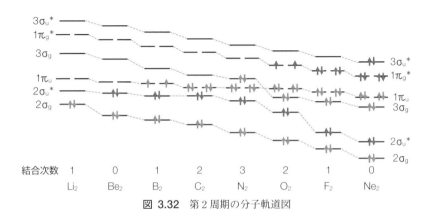

図 3.32 第2周期の分子軌道図

窒素分子（$N_2$）と酸素分子で分子軌道の順番が入れ替わっている．理由は後述するとして，まずは，酸素分子の電子配置に注目してほしい．二重に縮退したπ軌道（$1\pi_g^*$）には，フントの規則から各軌道に電子が一つずつ収容される．電子は負電荷を帯びた荷電粒子の自転運動とみなされるので磁気モーメントが生じている．互いにスピンが逆方向の電子対は，生じる磁気モーメントも逆向きに打ち消し合う．酸素分子の電子配置では不対電子による磁気モーメントが残るため，磁石に引き寄せられる"常磁性"の性質をもつ．これを踏まえると，分子軌道から酸素分子とホウ素分子は常磁性であることがわかり，ほかの電子対となっている分子は磁石に対して反発する"反磁性"を示す．**ルイス構造を用いて酸素が常磁性を示す理由を説明することは困難であったが，分子軌道法による電子配置をみるだけで，その分子が磁性を有するかどうか価電子の状態がどうなってい**

82　第3章　電子の軌道とエネルギー準位：化学結合の形成過程

るかを判断することができる．

　さて，それぞれの分子軌道をよくみると，$3\sigma_g$ 軌道のほうが $1\pi_u$ 軌道よりも安定である $Ne_2$ 型の分子軌道の順番と $3\sigma$ 軌道のほうが $1\pi$ 軌道よりも不安定である $Li_2$ 型の分子軌道の順番の"2通り"があることに気がつく．$C_2$ と $N_2$ の間で入れ替わるという報告もあるが，筆者が知る限り $N_2$ と $O_2$ の間で入れ替わる図が多く採用されているので本書でもそれに習う．なお，$N_2$ の $3\sigma$ 軌道と $1\pi$ 軌道が入れ替わっても結合次数や磁性の有無などの議論になんら影響しない（図3.32）．

　**この分子軌道の順序の入れ替えは，s-p 混合（s-p mixing）とよばれる現象のために起きる**．混成軌道のように新しく軌道をモデルとして考えるわけではなく，既存の分子軌道のエネルギーに影響を与える．図 3.33 には第 3 周期までの原子価軌道のエネルギーと s-p 混合（s-p mixing）の有無による軌道の順番を示した．1 族（Li, Na）および 2 族（Be, Mg）は p 軌道に電子をもたないためにプロット（□）を記載していないが，s 軌道と p 軌道は同じ原子殻（2s と 2p は L 殻，3s と 3p は M 殻）であり，エネルギー的にも軌道の広がり的にも近い軌道であることが想像できる．図 3.33 左からも，原子番号が増えるにつれて，各原子軌道のエネルギーが低下し安定化するとともに s 軌道と p 軌道のエネルギー差が広がっていくことがわかる．s 軌道と p 軌道のエネルギー差が十分に大きくな

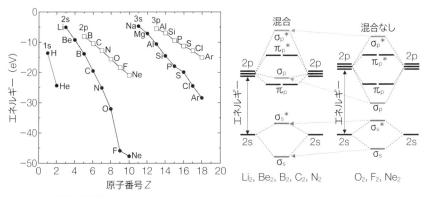

図 3.33　原子価軌道のエネルギー（多電子原子に対する Hartree-Fock の方法により算出；1eV = 96.48 kJ/mol）と s-p 混合の有無によるエネルギー準位の順番（s 軌道による σ 軌道を $\sigma_s$，p 軌道による σ 軌道を $\sigma_p$ と表記している．）

ると，s-p 混合は起きずに Ne$_2$ 型の分子軌道の順番になる．では，"なぜ原子番号が大きくなるにつれてエネルギー差が広がるか"について考察してみる．s 軌道と p 軌道は異なる軌道の形である．原子番号が大きくなるにつれて有効核電荷が大きくなる．s 軌道は球対称であり原子核からの引力が等方的にはたらくが，p 軌道はアレイ状のために異方的にはたらき，さらには s 軌道よりも原子核から遠くに位置するため引力は比較的強くならない．結果として，有効核電荷の増加に伴って，s 軌道と p 軌道の電子にエネルギー差が生じ始める（プロットをつないだ線の傾きが異なる）．結果として，**s 軌道により形成される σ$_s$ 軌道はより低いエネルギー状態となり，p 軌道に由来する σ$_p$ 軌道は比較的安定化せずに高いエネルギー状態となるため，分子軌道の順番が入れ替わる s-p 混合が起きる**ことが知られている．

　また，福井謙一先生らによって提案されたフロンティア軌道論についても概説する．電子が占有する軌道の中でもっともエネルギーが高い軌道を HOMO（highest occupied molecular orbital，最高被占軌道）と電子をもたない空の軌道でもっともエネルギーが低い軌道を LUMO（lowest unoccupied molecular orbital，最低空軌道），また，電子が 1 個だけ入っている軌道は SOMO（singly occupied molecular orbital，単電子被占軌道）ともいう．HOMO にある電子がもっともエネルギーが高く，電子を供給する反応には HOMO の電子が使われる．また，LUMO は電子を受け取る反応において利用される．図 3.32 の窒素分子と酸素分子の HOMO を見比べると，窒素分子の HOMO は結合軸にそった σ 軌道（3σ$_g$）であり，酸素分子の HOMO（1π$_g$*）は結合軸に垂直方向に伸びた π 軌道である．窒素や酸素が電子を供与する反応において，酸素分子は π 軌道の不対電子であり反応性に富みそうだが，窒素分子は σ 軌道で電子対をなしており反応性が乏しいことがわかる．また，電子を受け取る反応の場合でも，酸素分子の電子授受では HOMO（1π$_g$*）あるいは LUMO（3σ$_u$*）は HOMO と同じ反結合性軌道であることからもエネルギー状態の差は小さい．酸素は酸化力が強く，電子を受け取ってペアとなれる．一方で，窒素分子の LUMO（1π$_g$*）は反結合性軌道であり，結合性軌道である HOMO（3σ$_g$）に比べて高いエネルギー状態にあり電子を受け取りにくいことが推察できる．このように，**反応性の高い酸素分子と反応性が低い窒素分子を分子軌道からも考察**することができる．

### 3.7.4 異核二原子分子 ▶

#### a. 異核二原子分子の分子軌道の考え方

異なる原子による二原子分子としてフッ化水素（HF）を例に分子軌道法になれよう．図 3.33 左の原子価軌道のエネルギーに示したように，二原子分子を形成するために関与する各原子のエネルギー準位は水素原子の 1s 軌道がもっとも高く，続いてフッ素原子の 2p 軌道，そして大きなエネルギー差をもったフッ素原子の 2s 軌道となる．$z$ 軸に沿って結合すると仮定すると，図 3.30 に示したように各原子軌道の重なりから分子軌道を描くことができる（図 3.34）．各原子軌道のエネルギー準位から，F 原子の 1s 軌道（図からは省略）と 2s 軌道はエネルギー的に安定であることからも，H 原子の 1s 軌道の間での軌道の重なり（結合）にはほとんど関係ないと考えられる．等核二原子分子では当たり前に考えていたが，内殻の原子軌道の電子の寄与はほとんど考える必要はなく，エネルギー的に似ている最外殻の原子価軌道のみの重なりを考えればよい．

各原子の原子価軌道を考慮すると，HF 分子の σ 軌道には，H 原子の 1s 軌道と F 原子の $2p_z$（とわずかに 2s）が寄与する．また，H 原子の 1s 軌道と F 原子の $2p_x$ および $2p_y$ の間には軌道の重なりによるエネルギー利得がないために，そのままスライドして非結合性軌道（nonbonding orbital）が二つ存在する．

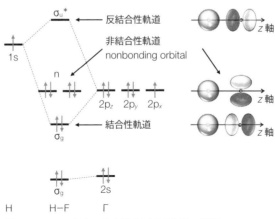

**図 3.34** HF 分子の分子軌道と原子軌道の関係
F 原子の 1s 軌道および 2s と H 原子の 1s との点線は省略．

この非結合性軌道はF原子由来からもわかるように，F原子側に電子が局在した軌道ともいえる．つまり，等核二原子分子では結合性軌道は二つの原子の原子軌道が半々で重なり合って分子軌道が形成されたが，異核二原子分子ではエネルギー準位も軌道の形も異なる原子軌道の重なりによって分子軌道が形成されるので，軌道の空間的な広がりは一方の原子に偏る．**簡単にいうと，分子軌道のエネルギー準位は原子軌道のエネルギー準位が上から近いほうの影響を受けやすい**．この考えを考慮すると，HFの分子軌道では結合性軌道（$\sigma_g$）に近い上の原子軌道はF原子のエネルギー準位であることからF原子に偏っていると推察できる．また，非結合性軌道もF原子に局在化しているということは，HF分子の電子のほとんどはF原子に偏っていることがわかる．つまりは，これがイオン結合を示しているし，電荷（分布）の偏りは"極性"とよぶ．分子軌道法においてもイオン結合や極性の有無を考えることができる．

### b. 異核二原子分子と中心金属への反応性

さて，続いては異核二原子分子の遷移金属への反応性（HOMOとLUMO）について解説する．図3.35には，シアン化物イオン（$CN^-$），一酸化炭素（CO），ニトロソニウムイオン（$NO^+$）の分子軌道を示した．すべての異核二原子分子がs-p混合により分子軌道の順番が$Li_2$型となる（図3.32）．NO分子についてはs-p混合が起きていないとする解説が主を占めるが，後述するニトロシル錯体の配位に関する実験観察結果を踏まえて本書ではs-p混合が起きているものとして扱う．そもそも，s-p混合が起きるかどうかについては，磁性や単結晶X線構造解析の実験結果および高精度に計算された理論計算から導かれるものであって，

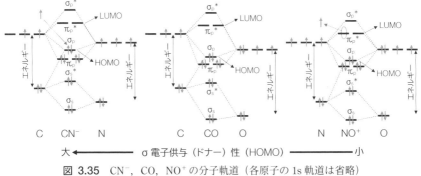

図 3.35　$CN^-$，CO，$NO^+$の分子軌道（各原子の1s軌道は省略）

筆者の知る限り s 軌道と p 軌道のエネルギー差がどれぐらい小さいと s-p 混合が生じるかはわかっていないはずである．さて，シアン化物イオンは炭素原子と窒素原子による分子に 1 電子追加したアニオン（陰イオン）であり，ニトロソニウムイオンは窒素原子と酸素原子による分子から 1 電子抜いたカチオン（陽イオン）である．すべての分子軌道の電子配置は同じであるがエネルギー準位に差が生じる．図中に示す HOMO を見比べると，左（CN$^-$）から右（NO$^+$）にいくにつれてエネルギー準位が下がっている．つまり，それぞれの分子のもつ σ 軌道の電子供与性が低下することを意味する．また，電子を豊富にもつ金属イオンとの配位結合において電子受容する LUMO は π 電子受容（アクセプター）性であり，配位結合に関与する活性なエネルギー準位である LUMO および HOMO は図の左から順に **炭素側（シアン化物イオン），炭素側（一酸化炭素），窒素側（ニトロソニウムイオン）に偏っていると推察**できる．

　図 3.36 には，CO と金属イオンの d 軌道との二つの結合および先に示した異核二原子分子を配位子とする金属錯体例を二つ示した．CO の炭素原子のもつ非共有電子対が金属の空の電子軌道である $e_g$ 軌道に電子を供与することで σ 供与結合が形成される．また，電子が豊富な電子軌道である $t_{2g}$ 軌道から CO の反結合性軌道である π* 軌道への電子が供与（逆供与）により π* 逆供与結合が形成される（図 3.25 参照）．なお，この逆供与により金属イオンから電子が配位子に流れ込むために炭素原子と酸素原子間の結合が弱まることで C—O 間の結合長が長くなることが知られており，大学院試験などでも出題されている．金属に結合している原子をみれば，エネルギー準位が高いほうの原子が中心金属に配位していることがわかる．炭素原子と窒素原子であれば，窒素原子が金属イオンに配位しそうだが実際には CO と CN の炭素原子が配位している．また，NO では窒素原子が配位する．

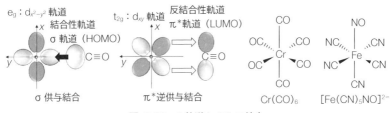

**図 3.36** d 軌道と CO の結合

一酸化炭素中毒をご存じだろうか．ヘモグロビンには2価の鉄原子を中央に配位したポルフィリン誘導体であるヘムとよばれる金属錯体を四つもつタンパク質である．ヘモグロビンは血液中の酸素（$O_2$）運搬を担っており，一酸化炭素中毒とはヘモグロビンが酸素と結合せずに一酸化炭素と結合するために，酸素運搬能力が低下することで酸素不足に陥ることである．この中毒を分子軌道法で考えてみる．酸素分子の分子軌道は図 3.32 に示してある．酸素分子の HOMO は $\pi^*$ 軌道，LUMO は $\sigma^*$ 軌道であることがわかる．酸素がヘムの鉄に配位するさいには HOMO に起因する $\pi$ 供与結合が形成される．一方で，$\sigma$ 軌道を HOMO とする一酸化炭素がヘムの鉄に配位するさいには $\sigma$ 供与結合が形成される．図 3.37 から推察できるように，$\sigma$ 供与結合は $\pi$ 供与結合よりも結合力が強い．そのため，一酸化炭素と酸素が共存した場合，ヘモグロビンが一酸化炭素と結合すると一酸化炭素が離れることはなく，酸素との結合を阻害することで酸素運搬能力が低下するのである．一方で，酸素が各細胞に運搬される理由も，この $\sigma$ 結合より弱い $\pi$ 結合の形成によるものとわかる．

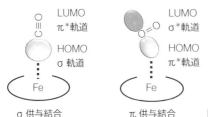

図 3.37 ヘムの結合の模式図

続いて，ニトロソニウムイオン（$NO^+$）が配位する錯体について，その NO の結合様式の変化について解説する．酸性雨などの環境破壊として知られる $NO_x$ の一つである一酸化窒素は，体内においては血圧調整や免疫，神経伝達物質などとしてはたらくことがわかり，1990 年あたりから注目され続けている[3.6,3.7]．このニトロシル錯体の特徴として，NO 配位子の酸化数により NO 配位子が直線型と屈曲型をとることが知れている（図 3.38）．図に示すように，直線型となるのは $NO^+$ であり，屈曲型となるのは NO および $NO^-$ である．なお，同一分子および同一の反応系において，直線型と屈曲型の相互変換が活発に研究されてきたが，双方を単離した報告例は現在のところない[3.8]．図 3.35 に示した $NO^+$ の分子軌道をもとに解説する．NO とは $NO^+$ に 1 電子が追加されたもの，$NO^-$ とは

さらに1電子が追加された配位子である．ただし，NO$^+$とは違ってHOMOとLUMOの軌道が変わる．NOは1電子追加されることで，LUMOはSOMOであるπ*軌道に変化し，LUMOが反結合性軌道のσ*軌道となる．また，NO$^-$ではLUMOがHOMOとなる．遷移金属イオンへの配位結合を考慮すると，NOおよびNO$^-$はπ供与結合を形成することがわかる．結果として，NO$^+$は直線型となるが，NOとNO$^-$は屈曲型になる．

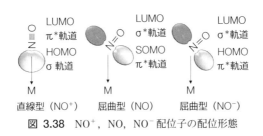

図 3.38 NO$^+$，NO，NO$^-$ 配位子の配位形態

# 演 習 問 題

**Q 1** 太陽光を分光すると"虹のような"連続スペクトルを観測できる．一方で，水素放電管は数か所のとびとびの光のスペクトルとなる．このスペクトルを何というのか．次の選択肢から選びなさい．（解説はp.49）
　 1．単一スペクトル　 2．輝線スペクトル　 3．不連続スペクトル　 4．離散スペクトル

**Q 2** 電子がもっともエネルギーが低い状態にあることを何というか．次の選択肢から選びなさい．（解説はp.50）
　 1．基底状態　 2．励起状態　 3．遷移状態　 4．緩和状態

**Q 3** 硝酸イオンの窒素の形式電荷はどれか次の選択肢から選びなさい．（解説はp.52）
　 1．+1　 2．−1　 3．0　 4．−2/3

**Q 4** 電子過剰のペンタフルオロアンチモン（SbF$_5$）のFの形式電荷はどれか．次の選択肢から選びなさい．（解説はp.54）
　 1．+1　 2．0　 3．−1/5　 4．−1/3

**Q 5** 水と二酸化硫黄はともに同じ"折れ線形"である．二酸化硫黄の結合角（∠O―S―O）は119°である．水の結合角（∠H―O―H）はどうなるか正しいほうを選びなさい．答えの結合角になる理由も理解していることが望ましい．（解説はp.57）
　 1．同じ（119°）　 2．異なる（104.5°）

**Q 6** VESPR則で三ヨウ化物イオン（I$_3^-$）の立体構造を考えるとどれが適切か．次の選

択肢から選びなさい．（解説は p.59）

　　1．直線形　　2．折れ線形　　3．三角形

**Q 7**　結合軸に沿って重なりが大きい結合を σ（シグマ）結合とよぶ．では，結合軸に対して垂直方向で重なりが小さい結合を，d 軌道の場合，何とよぶか．次の選択肢から選びなさい．（解説は p.63）

　　1．σ 結合　　2．π 結合　　3．δ 結合　　4．φ 結合

**Q 8**　軌道の縮退とはどういう意味か．もっとも適切な選択肢を選びなさい．（解説は p.65）

　　1．軌道のエネルギーが低下　　2．軌道のエネルギーが等価　　3．軌道のエネルギーが上昇

**Q 9**　混成軌道の組合せによって，分子の何が決定されるか．次の選択肢から選びなさい．（解説は p.66）

　　1．分子の極性　　2．分子の色　　3．分子の質量　　4．分子の形状

**Q 10**　p 軌道の重なりにより形成される分子軌道に結合性軌道の σ 軌道と π 軌道と反結合性軌道の σ* 軌道と π* 軌道がある．一般的には，エネルギーがもっとも低い軌道はどれか．次の選択肢から選びなさい．（解説は p.75）

　　1．σ 軌道　　2．π 軌道　　3．σ* 軌道　　4．π* 軌道

**Q 11**　s 軌道は球状，p 軌道はアレイ状のため原子同士が結合するさいには重なりが大きいものと重ならないものがある．$z$ 軸上に原子同士が近づく場合，σ 結合をつくるのはどの組合せか．次の選択肢から選びなさい．（解説は p.77）

　　1．s 軌道と $p_x$ 軌道　　2．s 軌道と $p_y$ 軌道　　3．s 軌道と $p_z$ 軌道

**Q 12**　p 軌道間の重なりによる分子軌道の順序が入れ替わりことがある．この入れ替わりは何が関係しているか．もっとも適切な選択肢を選びなさい．（解説は p.81）

　　1．sp 混成　　2．$sp^2$ 混成　　3．$sp^3$ 混成　　4．s-p 混合

**Q 13**　ニトロソニウムイオン（$NO^+$）が金属イオンに配位する場合の組合せとしてもっとも適切な選択肢を選びなさい．（解説は p.87）

　　1．窒素側で直線型の配位　　2．窒素側で屈曲型の配位　　3．酸素側で直線型の配位　　4．酸素側で屈曲型の配位

第 **4** 章

# 分子の立体化学：
# 立体構造と性質の相関を探る

## 4.1 立体化学を学ぶ意義：サリドマイド

◀ **本節を読んでできるようになること** ▶
・立体化学を学ぶ意義が過去の事件からわかる.

1960年代，日本をはじめ世界中で，サリドマイド（thalidomide）は睡眠薬や鎮静薬として処方された. また，妊娠中の女性のつわり軽減に効果的な薬としても投与された. この薬の投与により多くの胎児が重篤な四肢奇形を起こし，販売が停止された. このような悲劇を引き起こしたサリドマイドであるが，近年がんに限らずハンセン病，エイズ，免疫不全症候群などの多様な疾患治療薬となり得ることがしだいに明らかになっている. 現在，日本でも厳重な管理を条件に再認可され，多くの患者を救う希望の薬として注目されている. 図4.1に示すサリドマイドの構造をみると，平らな分子のような印象を与えるが，本来は立体的な形をとっている. この分子の "*" がついている炭素原子には，四つの異なる置換基が結合していることがわかる. この*マークがついている炭素原子は "不斉炭素" といわれ，左手と右手のように鏡に映し合わせた二つの立体構造（鏡像異性体）があることを意味している（詳しくは後述）.

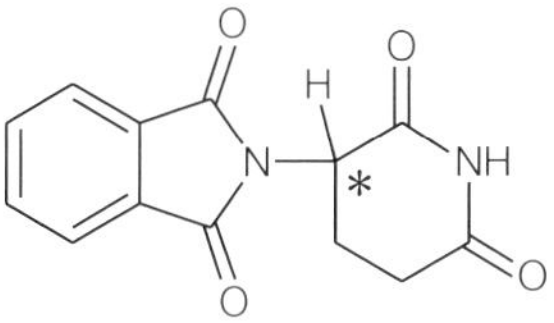

図 4.1 サリドマイドの構造

不思議なことに，この二つの鏡像異性体のうち，左手形のみ催奇形性があることが報告されている[4,1)]．立体構造の違いで生理活性が異なることに気がついていれば，過去にも無毒で生理活性をもつ右手形のみを処方できた可能性がある．このサリドマイドの悲劇的な薬害事件は，なぜ分子構造を立体的に理解する必要があるかを強烈にさし示している．

## 4.2 異性体の分類

◀ **本節を読んでできるようになること** ▶
・異性体の分類を理解する．

化学物質には，分子式は同じでも構造の異なる**異性体（isomer）**が存在する．異性体には多くの種類があり，図 4.2 に概要を示した．構造異性体とは，原子の結合順序が異なる異性体であり，立体異性体とは原子の結合順序は同じであるが，三次元配列が異なる異性体を示す．本章では，この立体異性体を中心に立体化学を解説する．

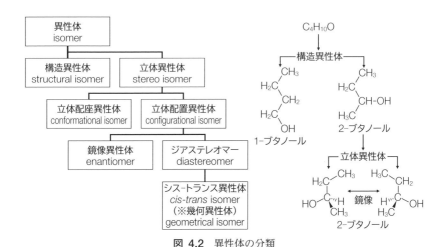

図 4.2 異性体の分類

立体異性体には**立体配置異性体（configurational isomer）**と**立体配座異性体（conformational isomer）**がある．立体配置異性体には，鏡像異性体（エナンチオマー，enantiomer）とジアステレオマー（diastereomer）がある．4.1

節で述べたサリドマイドの左手形と右手形は鏡像異性体（エナンチオマー）に分類される．本書では，以後エナンチオマーという表現は使わないが，大学院試験や定期試験ではジアステレオマーの対義語としてエナンチオマーをよく見かけるので，覚えたほうがよい．ジアステレオマーは，複数の不斉炭素原子をもち，実像と鏡像の関係のない異性体が含まれる．このように，分子の三次元構造を紙面という二次元で理解するための方法がたくさんある．立体異性体は，立体構造がどれだけ容易に相互変換できるかを考慮することが重要である．基本的に相互変換ができない場合でも，分子模型を例にすれば，置換基を抜いてつけ直すことで相互変換できる配置の異性体がわかる．相互変換できる場合でも，分光法によってさまざまな構造異性体を観察できる可能性がある．立体化学の知識をもち異性体のもつエネルギーの状態を理解することは，有機化学や錯体化学の反応性や，分子固有の性質を予想することに役立つ．立体配座異性体は分子内結合の回転によって相互に変換し得る原子の空間配列を考慮する分子である（後述）．

## 4.3 立体異性体でよく使う "破線-くさび形" 表記法と共通項目

◀ **本節を読んでできるようになること** ▶
・立体構造を表すさまざまな描画方法を理解する．

本節では有機化合物および金属錯体を例に解説を行う．ここからは，紙面という二次元平面から，三次元の立体構造を表すさまざまな描画方法とその関連内容を解説する．

### 4.3.1 破線-くさび形表記 ▶

この**破線-くさび形表記**は，他分野でも用いられる重要な内容である．有機化学で一番はじめに学ぶ四面体構造のメタン（$CH_4$）誘導体を例に説明する．中心の炭素原子にA～Dの四つの異なる置換基が結合している構造を図4.3に示した．四面体構造であるから，A～Dの四つの置換基は同一平面上に位置できない．この立体構造を紙面上で表すときは，同じ単結合の "描き方" を**くさび形結合，破線形結合，線形結合**の三つで描き分けることで立体構造を表現する．置換基AとBと中心炭素の三つの原子を同一平面上に置いたと仮定する．このときAと

Bと中心炭素に関係する結合は"線形"結合を用いる．一方，置換基CとDはその平面上には位置できずに，平面に対して手前側（C）か奥側（D）に位置する．この平面に対して，**手前に位置する結合を"くさび形"結合で表現し，奥側の結合を"破線形"結合で表現**する．また，学術論文を読むうえで，くさび形結合を"up"，破線形結合を"down"という表現を用いることがあることも覚えておくとよい．

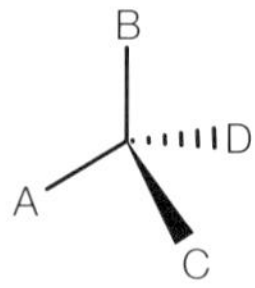

図 4.3　分子と四面体構造

立体化学を理解するうえで，この表記方法の分子をさまざまな方向から観察したときの構造を描けるようになるとよい．図 4.4 には，図 4.3 の四面体を各結合や平面を軸として回転させたときの分子構造を示す．このとき，くさび形や破線形の結合の位置がどのように変化するかを理解しておく必要がある．

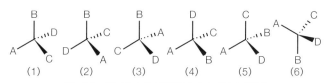

図 4.4　図 4.3 の分子構造をさまざまに変更

## 4.3.2　六員環のいす形と舟形と置換基のアキシアル位とエクアトリアル位

シクロヘキサン（$C_6H_{12}$）は六つの炭素が平面上に並んでおらず，折れ曲がった構造をとる（図 4.5）．シクロヘキサンの六員環を三次元構造の形から，いす形と舟形の名称がついている．いす形と舟形は互いに平衡であり，構造的にはいす

図 4.5　シクロヘキサンといす形と舟形の平衡式

形が安定な構造である．いす形は，おのおのの炭素や水素がどれも離れた構造であるが，舟形では炭素や水素が近づく部位が生じる．

いす形表記したシクロヘキサンの水素をみると，水素が環に対して異なる方向を向いていることがわかる（図4.6）．環の上下を向いている水素はアキシアル水素とよばれ，環に対して上下に向く結合を**アキシアル（axial）結合**とよぶ．もう一つの水素は環の側面方向に向いているエクアトリアル水素である．環の側面に向く結合を**エクアトリアル (equatorial) 結合**とよぶ．これらのいす形と舟形，および六員環に付加した置換基の環に対する方向性を観察することで安定な立体構造を推察でき，さらには有機反応からどのような立体構造をもった生成物が形成されるかを予想できるようになる．また，図4.6の丸で囲んだ水素のように，いす形から舟形へ舟形からいす形へ構造変化するさいに，水素のアキシアルとエクアトリアルは変化することがわかる．

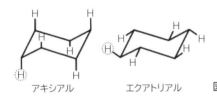

アキシアル　　エクアトリアル　　図 4.6　アキシアルとエクアトリアル

## 4.4　立体配置異性体

◀ **本節を読んでできるようになること** ▶

・立体異性体と物性変化の有無について理解する．
・金属錯体の立体化学について理解する．

### 4.4.1　有機化合物のシス-トランス表記

VSEPR則でも述べたが，二重（C=C）結合は通常の条件では容易に回転しない（第3章，第4章参照）．そのため，二重結合で結合している炭素の置換基の相対的配置によって二つのシス-トランス異性体が存在する．ただし，シス形とトランス形で表すことができるのは二重結合で結合している二つの炭素に水素が結合しているときのみである．水素が結合していない場合は後述する *E/Z* 表記を用いる．

図 4.7 には例として 2-ブテン二酸のシス-トランス異性体と融点を示す．二つの置換基が二重結合を原点にして，互いに同じ側にあるものをシス体（*cis*：ラテン語で同じ側），反対側にあるものをトランス体（*trans*：ラテン語で反対側）という．分子式や構造に含まれる置換基は同じであるが，**置換位置が異なることで物理的・化学的性質が違う**ことから，それぞれ別の化合物名がついている．

マレイン酸（シス体）　　フマル酸（トランス体）

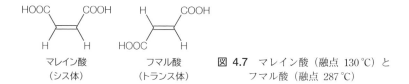

**図 4.7**　マレイン酸（融点 130 ℃）とフマル酸（融点 287 ℃）

シクロヘキサンなどの環状化合物で二つの隣接炭素がどちらも第三級炭素の場合，互いの置換基のアキシアル位とエクアトリアル位の相対的な位置関係によってシス-トランスが適用される．図 4.8 には 1,2-ジメチルシクロヘキサンの構造を示した．破線-くさび形表記の場合，シスとトランスは判断しやすい．舟形で考える場合，“シス形“となるのは，アキシアルとエクアトリアルの組合せのときであり，“トランス形” となるのは，両置換基がアキシアルあるいはエクアトリアルでそろっているときである．なお，後述するが，シス-トランス異性体も立体異性体としてジアステレオマーに分類される．

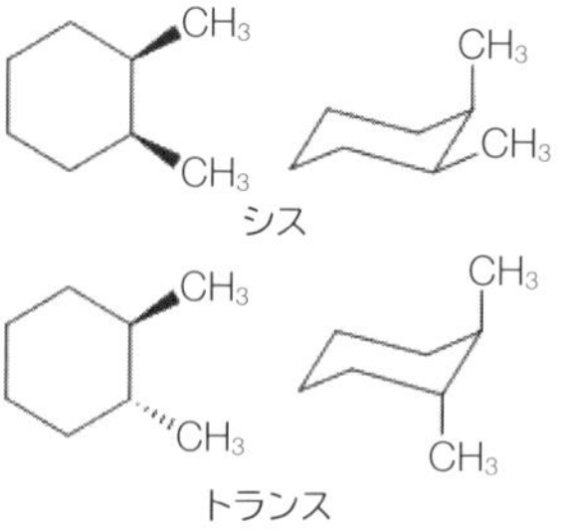

**図 4.8**　1,2-ジメチルシクロヘキサンのシス-トランス異性体

## 4.4.2　金属錯体のシス-トランスおよびアキシアルとエクアトリアル

s 軌道と p 軌道のみで結合を形成する有機化合物の場合と異なり，d 軌道が結

## 4.4 立体配置異性体

合に関与する金属錯体では中心の金属原子に結合する分子（配位子）の形や数によりさまざまな立体構造をもつ．配位する分子の数が増えることで可能な幾何異性体が多くなる．研究などで用いられる実用的な配位子は 1,2-エタンジアミン（エチレンジアミン）やアミノ酸などの二座配位子があり，三座配位子やサイクラムなどの四座配位子などもある（図 4.9）．これまでの立体表記では，八面体 6 配位の立体化学を表現できないが，考慮すべき多座配位子による幾何異性体はそれほど多くはない．なお，四面体 4 配位構造では鏡像異性体はあるが幾何異性体は存在しない．

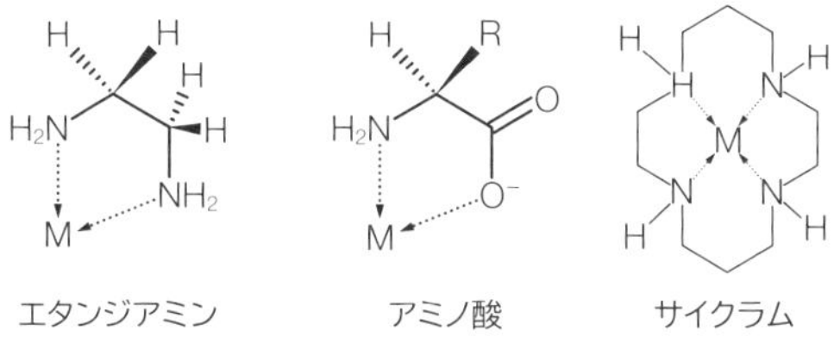

図 4.9 配位子の例

X と Y を配位させた平面 4 配位と八面体 6 配位の立体構造を図 4.10 に示す．また，具体例として二座配位子のアミノ酸と 1,2-エタンジオール（エチレングリコール）および塩化物イオンによるシス-トランスの幾何異性体を示す．有機化合物のシス-トランスと同様に，金属原子 M を中心にして X 配位子が同じ側にあるものをシス体，互いに遠く離れた反対側にある配置をトランス体という．これは，八面体 6 配位構造の場合でも，Y 配位子の位置からも同様に考えることが

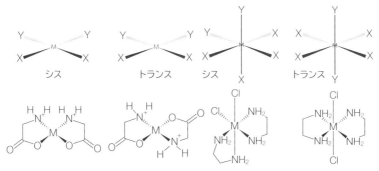

図 4.10 平面 4 配位と正八面体 6 配位の構造

できる．

　続いて，対称な四座配位子による八面体構造では，配位の仕方でシス-トランス異性体がある．さらに，シス体では配位した形によって対称な配位と非対称な配位の2種類があることから，全部で3種類の幾何異性体を考えることができる（図4.11）．ほかの多座配位子についても，シス-トランス異性体を考える場合には，配位子の形ではなく，それ以外の配位子（塩化物イオン）の位置関係からシス-トランスの立体構造を考慮する場合がある．

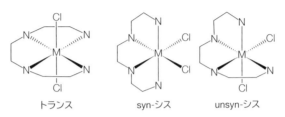

図 4.11　四座配位子のトランス体とシス体

　八面体6配位の場合，六つの配位子の結合距離などの対称性が高い可能性があるためにアキシアル位やエクアトリアル位の名称はつけられていないが，結合距離が異なり対称性が崩れる5配位構造である三方両すい構造および四角すい構造では，配位子に"アキシアル"や"エクアトリアル"の識別がある（図4.12）．

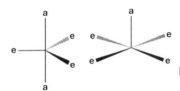

図 4.12　5配位構造（三方両すいと四角すい）のアキシアル（a）とエクアトリアル（e）

### 4.4.3　トランス効果による反応速度への影響

　配位子置換反応において，脱離基のトランス位にある配位子の種類により置換反応の速度が変わる．この現象を**トランス効果**といい，反応速度に関係するトランス位の配位子を**スペクテーター配位子**とよぶ（スペクテーターとは見物人という意味）．トランス効果には，① トランス影響と ② 遷移状態効果がある．トランス影響とは，スペクテーター配位子の"σ供与性"の大小により，配位子の脱

離に影響する．遷移状態効果では，スペクテーター配位子の"π受容性"による遷移状態の安定性が変化することで，脱離に影響する．以下に，トランス影響と遷移状態効果の配位子の序列を示すが，金属錯体種により序列が変化することを承知しておくこと[4.2, 4.3]．

### ・トランス影響とσ供与性

スペクテーター配位子のσ供与性の強さとは，スペクテーター配位子が中心金属に電子を供与する力の強さのことである．スペクテーター配位子と中心金属の結合が強まるほど，トランス位にある脱離配位子と中心金属の結合が弱まり，置換反応が速く進むと考えられる．トランス影響の大きさは，FT-IRによる化学シフトや金属-配位子のNMRでの結合定数により定量的に求めることができる．以下に，トランス影響の序列とσ供与性配位子の例を示す．

**トランス影響**

$H^- > PR_3 > SCN^- > I^- > CO > CN^- > Br^- > Cl^- > NH_3 > OH^-$

**σ供与性配位子**

$H_2O, NH_3, F^-, Cl^-, Br^-, I^-, OH^-, CH_3COO^-, H_2NCH_2CH_2NH_2, PhS^-, O^{2-}, S^{2-}$

### ・遷移状態効果とπ受容性

遷移状態効果は，別名5配位遷移状態効果ともいう．図4.13のように中間体として5配位を考える．"スペクテーター配位子のπ受容性の強さは，中間体である遷移状態を安定化させる力のこと"と考えられる．反応する配位子（Y）が置換して中間体である5配位遷移状態を形成したさいに，余分な電子密度をπ受容性の大きなスペクテーター配位子（L）が受け取ることで中間体を安定化させ，結果としてトランス位の配位子置換が促進される．以下に，遷移状態効果の序列とπ受容性配位子の例を示す．

図 4.13　配位子置換反応の遷移状態効果

**遷移状態効果**

$C_2H_4$, CO > $CN^-$ > $NO_2^-$ > $NCS^-$ > $I^-$ > $Br^-$ > $Cl^-$ > $NH_3$ > $OH^-$

**π受容性配位子**

CO, NO, $CN^-$, $PEt_3$, $PPh_3$, C=C, C≡C, [C=C—C]$^-$, bpy, phen

中心金属イオンの種類によらずに，序列が変化しにくい"トランス置換活性"の序列を以下に示す．

$$I^- > Br^- > Cl^- > NH_3 > OH^-$$

## 4.5　CIP順位則の考え方と *E/Z* 表記法

◀ **本節を読んでできるようになること** ▶
・立体構造を決めるうえでの CIP 則を理解する．
・*R* 体と *S* 体を判別できる．

### 4.5.1　CIP順位則の考え方

まず，CIP 順位則（Cahn-Ingold-Prelog priority rule）の基本的な三つのルールを下記に示す．下記の *E/Z* 表記法をはじめ多くの立体化学の表記法は CIP 順位則を利用して表記する．

① 原子番号が大きいほど優先度が高い．たとえば，酸素（原子番号 8）は炭素（原子番号 6）よりも優先度が高くなる．また，同位体の場合，質量数の大きい原子の優先度が高くなる．

② 同じ原子の場合，その原子に結合している原子をさらに比較して優先度を決める．たとえば，OH 基と $OCH_3$ 基が結合している場合，初めに酸素原子同士を比較するために，優先度は同じであるが，酸素原子に結合している原子（H と C）を比較することで，$OCH_3$ 基のほうが OH 基に比べて優先度が高くなる．

③ 多重結合（C=O，C=C，C≡C など）が複数ある場合，多重結合に結合している原子を"仮想的に増やして"優先度を決める．図 4.14 左の分子構造に丸で囲まれた炭素原子がある．この炭素原子は，ともに酸素原子と水素原子と結合しており優先度を決定できない．②のルールに従うと，ヒドロ

キシ（OH）基の酸素は水素とさらに結合しているため，ヒドロキシ基のほうがカルボニル（C＝O）基に比べて優先度が高くなると考えられるが，それは間違いである．カルボニル基の二重結合の原子を仮想的に増やす（図4.14右側）．この操作によって増えた原子はレプリカ原子とよばれる．CIP順位則はレプリカ原子をつくって，単結合による原子で比較を行う．レプリカ原子によりカルボニル基のほうがヒドロキシ基に比べて，酸素や炭素が多くあるために，カルボニル基の優先度が高くなる．

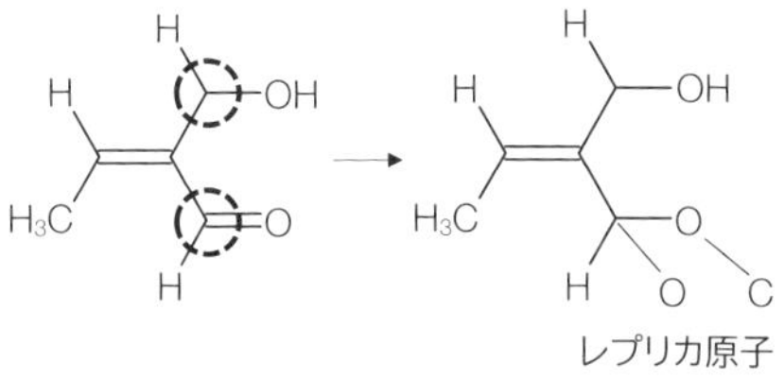

**図 4.14** カルボニル（C＝O）基とヒドロキシ（OH）基の比較およびレプリカ原子

## 4.5.2 *E/Z* 表記法

図4.14に示すように二重結合の各炭素にそれぞれ水素が結合していない場合，シス-トランス異性体による命名法が使えない．このような場合には，各置換基に優先度をつけるCIP順位則を使用して立体化学を記述する*E/Z*表記法が用いられる．

CIP順位則を用いて，図4.15の分子を例にして*E/Z*表記法を解説する．二重結合を中心にして左側の二つの置換基（H と Br）と右側（CH₃ と Cl）の二つの置換基について，べつべつに優先度を考える．図4.15（a）の左側の置換基は H と Br なので，Br の優先度が高い（Br > H）．右側の置換基は C と Cl なので，Cl の優先度が高い（Cl > CH₃）．優先度の高い原子が二重結合に対して同じ側にあるものは *Z*（ドイツ語で "ともに" を意味する Zusammen）となる．図4.15（a）は，"(*Z*)-1-ブロモ-2-クロロプロペン" と命名される．図4.15（b）では，優先

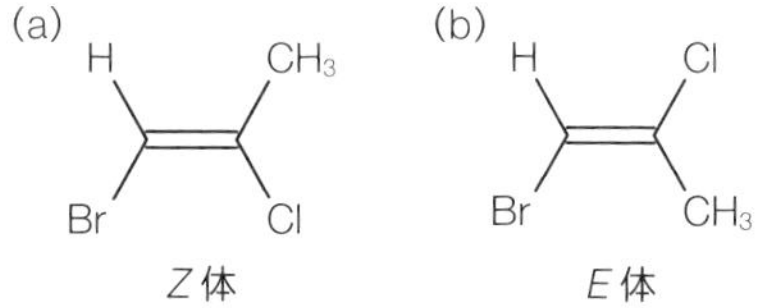

**図 4.15** 1-ブロモ-2-クロロプロペンの*E/Z*表記法

度の高い原子が二重結合を軸にして反対側にあるので $E$（ドイツ語で"反対"を意味する Entgegen）し，"$(E)$-1-ブロモ-2-クロロプロペン"と命名される．

### 4.5.3 *R/S* 表記法とキラルとアキラルな分子

#### a. *R/S* 表記法

有機化合物でよくみられる四面体構造の立体化学を表記する方法として *R/S* 表記法がある．本書を手に取っている読者にとって，この表記方法が最初の関門となるだろう．なぜなら，立体構造をクルクルと動かして表記方法を考えるためである．適宜，HGS 分子構造模型などを組み立てて，模型を使いながら解説を読んでほしい（4.7 節参照）．図 4.16 に示すブロモクロロフルオロメタンを例にして，*R/S* 表記のルールを解説する．**重要なことは，CIP 優先度 4 番目の原子（たいていは水素原子）を"奥"にして考える**ことである．また，*E/Z* 表記でもつかった CIP 順位則を *R/S* 表記でも適用する．

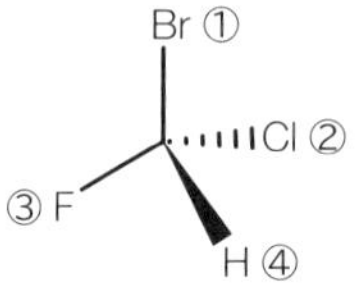

**図 4.16** ブロモクロロフルオロメタン

#### b. *R/S* 表記法の決定方法

CIP 順位則を用いて，図 4.16 の分子を例にして *R/S* 表記法を解説する．

**ステップ 1** 図 4.16 の四つの置換基（H, F, Cl, Br）のうち，臭素がもっとも原子番号が大きく優先度は ① 位となる．以下，原子番号が大きい順に ②〜④ がつけられる．

**ステップ 2** 図 4.17 左に示すように，優先度 4 の置換基を"奥"にして，

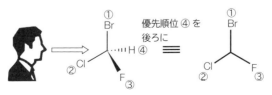

**図 4.17** $(S)$-ブロモクロロフルオロメタン

①~③の置換基を再描画する．このステップ2でもっとも大事な操作は，優先度4の置換基を"奥"にすることである．

**ステップ3**　置換基（①~③）を確認すると，ここでは反時計回りに番号が振られている（図4.17右）．優先度が"反時計回り"は $S$（sinister）配置とよぶ．優先度が"時計回り"は $R$（rectus）配置とよぶ．$R/S$ の語源は，ともにラテン語で覚えるのも大変なので，図4.18のように R と S の文字の曲線部分に合わせて覚える方法がある．なお，この覚え方は，優先度4位の置換基を"奥"にした場合に有効な覚え方で，かりに優先度4番目が"手前"にある場合は $R/S$ 表記を逆にすればよい．つまり，4番目が"手前"にあるとき，"S"と書ける場合は $R$ 体であり，"R"と書ける場合は $S$ 体である．

図 4.18　$R/S$ 表記法の覚え方（優先度4番目が"奥"の場合）

この R 配置と S 配置を絶対配置ともいう．この四つの異なる置換基が結合している中心の炭素を不斉炭素原子という．**不斉原子（立体中心または不斉中心）をもつ分子を"キラルな分子"といい，キラルでない分子を"アキラルな分子"という．**図4.16や図4.19（a）のアラニンのように不斉炭素を一つしかもたない分子は必ずキラルな分子である（キラルな分子については4.6.5項も参照）．一方，グリシンのように結合している置換基のうち二つが同じ置換基であれば，不斉炭素をもたないためアキラル（非キラル）な分子となる．**アキラルな分子は分子の中に必ず対称面が存在する．**

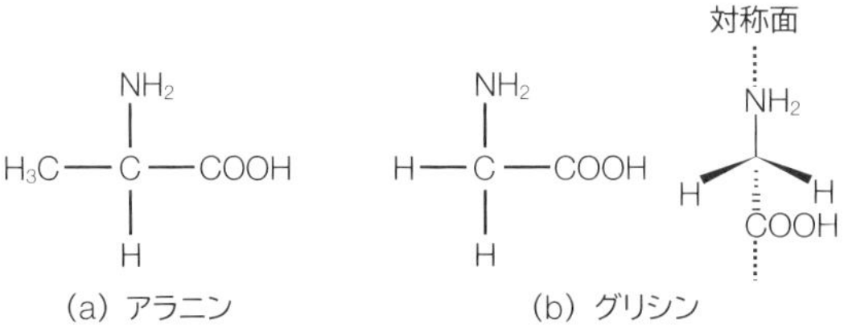

（a）アラニン　　　　（b）グリシン

図 4.19　アラニンとグリシンと"対称"面

また，亜鉛（Zn）イオンもテトラアンミン錯体（[Zn(NH$_3$)$_4$]$^{2+}$）として四面体構造をとる．四面体構造であれば，金属錯体でも CIP ルールに基づいて $R/S$ を決定する．一方，ヘキサアンミンコバルト錯体（[Co(NH$_3$)$_6$]$^{2+}$）のような八面体 6 配位構造などの 4 配位構造より多い配位数の場合は，$C/A$ 表記を用いる（後述）．

## 4.6 鏡像異性体（エナンチオマー）とジアステレオマー

エナンチオマー

ジアステレオマー

◀ 本節を読んでできるようになること ▶

- 不斉（点不斉・軸不斉・面不斉・らせん不斉）について理解する．
- 不斉をもつがキラルとならないジアステレオマーについて理解する．
- 錯体化学の立体化学について理解する．

**鏡像異性体（エナンチオマー）**とは，ほかの異性体と化学的な構造は同じでありながら，互いに鏡像関係にあるものをさす．ギリシャ語で"反対"という意味である．鏡像異性体は，"不斉"をもつ分子であり，物理的・化学的性質は非常によく似ているが，光学活性が異なる．また，不斉点をもたない不斉の軸や面などについても解説する．

### 4.6.1 不斉中心（点）

$S$ 体と $R$ 体のアラニンを図 4.20 に示す．$S$ 体を鏡に映した像が $R$ 体になる．左手を鏡に映すと右手になるが，左手と鏡の中の右手（元左手）を重ね合わせることができないように，$S$ 体と $R$ 体も重ね合わせることはできない．$R$ 体を 180°回転させて，COOH 基と NH$_2$ 基の二つの置換基を $S$ 体と同じ空間配置にしてみても $R$ 体と $S$ 体は重ならない．これが，鏡像異性体（エナンチオマー）である．

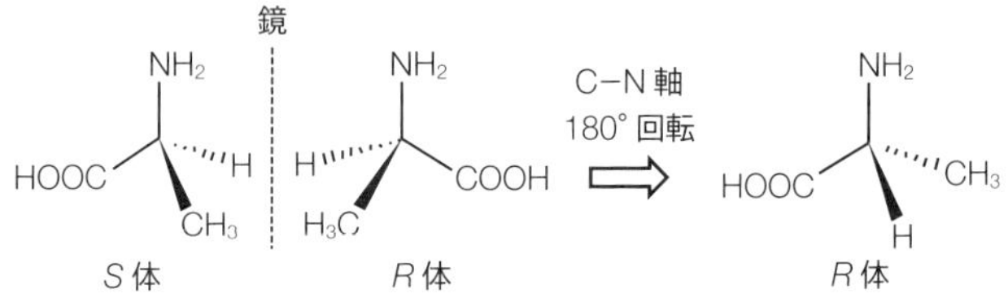

図 4.20 鏡像異性体（エナンチオマー）

アミノ酸を例にしたように，鏡像異性体には一つ以上の不斉中心をもつ．一方で，不斉中心をもたなくても，キラルな"軸"や"面"をもつことで鏡像異性体となる化合物がある．

### 4.6.2 軸不斉 ▶

軸不斉をもつ代表的な例として，二重結合が二つ連結したねじれた構造をもつアレンや二座配位子による四面体構造をもつ金属錯体がある．図 4.21 に示すように軸不斉をもつ分子も，分子をどのように回転させても鏡像体と重なることがない．

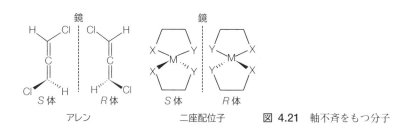

図 4.21　軸不斉をもつ分子

このねじれの向きを区別する方法は，R/S 表記法と E/Z 表記法とほぼ同様に考えることができる（図 4.22）．軸不斉の場合，軸の上下のどちらを優先するか任意に定める．かりに，"上"を優先とした場合，"上"についている置換基は"下"についている置換基より CIP ルールが低くても優先度を高くする．そして，E/Z 表記法のときのように，上下でそれぞれ優先度を決める．下の置換基の優先度が低いものを"奥"にして，上下の置換基の優先の順番を確認する．上の優先度が低い置換基（②）から下の優先度が高い置換基（③）へたどり，時計回りであれば R 体，反時計回りであれば S 体となる．

さらには，二重結合のように回転しないアレン分子に加えて，**回転しやすい単結合をもつ分子において，立体障害で回転が抑制され，軸不斉が生じることがある**．2001 年ノーベル化学賞を受賞した野依良治先生が開発した BINAP（2,2′-bis (diphenylphosphino)-1,1′-binaphthyl）が軸不斉をもつ有名な化合物である．このように，単結合であるが立体障害などで軸不斉が生じる異性体をアトロプ異性体（atropisomerism）という．アトロプとは回転しないという意味である．

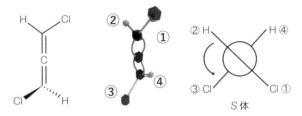

**図 4.22** アレン構造と HGS 分子構造模型

### 4.6.3 面 不 斉 ▶

続いて，"面"不斉とは，分子内の面，つまりはベンゼン環の表と裏の原子配列によって生じる．具体例としてシクロファン化合物やフェロセン誘導体がある（図 4.23）．シクロファン化合物ではベンゼン環が回転することにより表と裏の違いがなくなる（ラセミ化）が，ベンゼン環のかさ高い置換基（COOEt 基など）により回転が抑制され，$R/S$ の鏡像異性体が生じる．

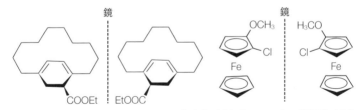

**図 4.23** 面不斉をもつシクロファン化合物（左）とフェロセン誘導体（右）

面不斉の $R/S$ の決定法について解説する（図 4.24）．不斉面であるベンゼン環から外れている一番近い原子を"パイロット原子"とする．パイロット原子から置換基の優先度を眺めて $R/S$ を決定する．図 4.24 (a) では，不斉面から外れた一番近い原子 **A** と **B** がある．不斉面内で CIP 順位則に従ってもっとも優先度が高い原子に近い **B** をパイロット原子とする．優先順位はパイロット原子に結合した不斉面内の原子から開始し，不斉面内の原子を各分岐で優先度の高い原子に向かって順位をつける．パイロット原子から眺めて，順位が時計回りを $R$ 体，反時計回りを $S$ 体とする．図 4.24(b)のフェロセンの場合，中央の Fe がパイロット原子となる．CIP 順位則の対象となる原子は，五員環の場合，優先度 ① 位を決めた後，その両隣の炭素原子に ② 位と ③ 位の優先度を考える．

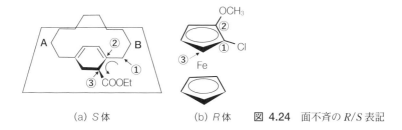

(a) S体　　　(b) R体　　図 4.24　面不斉のR/S表記

## 4.6.4　らせん不斉 ▶

図 4.25 に示すように，立体構造および配位構造によって，らせん構造を有する分子が存在し，右ねじと左ねじに由来するらせんの不斉がある（本書では，右巻きと左巻きの語句は言葉の混乱があるため使わない）．図 4.25 (a) に示すヘキサヘリセンは，最初のベンゼン環と最後のベンゼン環が同一平面上にあるとぶつかるため上下にずれたらせん構造をとる．右ねじらせん構造を P（プラス）あるいは $\Delta$（デルタ），左ねじらせん構造を M（マイナス）あるいは $\Lambda$（ラムダ）という．

また，6 配位構造のらせん不斉では，軸不斉の考え方が適用できる．図 4.25 (b) にらせん不斉をもつ二つの 6 配位構造を示した．左ねじの 6 配位構造を例に解説する．もっと手前にあるのは "X1" である．X1 と結合している X2 をくさびの太い線でつなぐ．続いて，X2 と同一平面上に存在する X3 と一番奥にある X4 をくさびの細い線でつなぐ．太い線と細い線を用いて簡略させた模式図を図 4.25 (b) の右側に示した．互いの線のねじれ方を考慮して重ね合わせるための回転方向を考えることで，左ねじか右ねじかを判断することができる．

なお，このヘリセンを世界で初めて合成したのは，後述する "ニューマン投影式" の考案者であるメルヴィン・ニューマン（Melvin Newman）の研究チーム

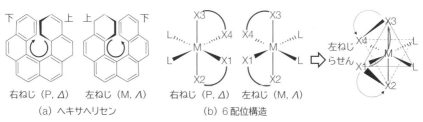

(a) ヘキサヘリセン　　(b) 6 配位構造

図 4.25　らせん不斉をもつ化合物例と模式図

である.

### 4.6.5 ジアステレオマーとメソ化合物 ▶

#### a. ジアステレオマー

自然界には，二つ以上の不斉中心をもつ化合物も存在する．一つの不斉中心から鏡像異性体が1組（2個の分子）できるので，"**$n$個の不斉中心がある場合，$2^n$個以下の立体異性体が存在すること**"になる．ここで，二つの不斉中心をもつ化合物を想定してみよう．それぞれの不斉炭素が$R$と$S$の配置だとすると（$R$, $S$）と表す．ここで，（$R$, $S$）と（$S$, $R$）のように不斉中心の$R/S$配置がすべて逆配置の場合は，鏡像異性体（エナンチオマー）である．一方で，（$R$, $S$）に対して（$S$, $S$）と（$R$, $R$）のように，片方でも同じ立体配置がある場合は，鏡像異性体とはなり得ない．不斉中心が2個以上ある異性体において，一部同じ$R/S$配置がある立体異性体のことをジアステレオマーという．立体異性体のうち，鏡像異性体以外の組合せはすべてジアステレオマーである．鏡像異性体とは異なり，ジアステレオマーは鏡写しではないことからもそれぞれ"異なる化合物"であり，科学的性質が異なる．図4.26には不斉中心を二つもつ2-メチルシクロペンタノールの立体異性体 **A**〜**D** を四つ（$2^2$個）と，**D** を180°回転させた **D'** を示した．

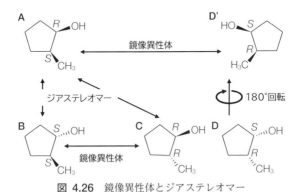

図 4.26 鏡像異性体とジアステレオマー

**A** の（$R,S$）-2-メチルシクロペンタノールの鏡像異性体は，不斉中心の$R/S$配置がすべて異なる **D** の（$S,R$）-2-メチルシクロペンタノールである．**D** を180°回転させた **D'** と **A** が鏡像関係であることがわかる．つまり，**A** と不斉中心

の R/S 配置のどちらかが同じ **B** の (*S,S*)-2-メチルシクロペンタノールと **C** の (*R,R*)-2-メチルシクロペンタノールはジアステレオマーである．また，**A** のジアステレオマーである **B** と **C** は，互いに R/S 配置がすべて異なるために，鏡像異性体である．前述の通り，鏡像異性体同士は旋光度以外の科学的性質が等しいため分離することは容易ではない．一方で，ジアステレオマーは物理的・化学的性質および生物学的性質も異なるために，蒸留や再結晶法などの方法で分離が可能である．これは，シス-トランス異性体（4.4.1 項）で紹介した"マレイン酸とフマル酸の物性の違い"と同じことである．なお，1,2-ジメチルシクロヘキサンは"シス-トランス異性体"であると同時にジアステレオマーでもある．

### b. メソ化合物

次に，2 個の不斉炭素をもつ酒石酸で立体異性体（鏡像異性体とジアステレオマー）について考えてみる（図 4.27）．先と同様に $2^2$（= 4 個）の立体異性体が考えられる．R/S 配置がまったく異なるもの同士はエナンチオマーになると考えられるがそうはならない．**A** と **B** の鏡像異性体は構造をどのように回転しても重なることはないが，**C** と **D** の鏡像異性体は **D** を 180° 回転させた **D'** が **C** と同じ構造になることがわかる．**C** と **D** は，中央の C—C に鏡を置くことで分子内に鏡像関係が生じる．**不斉中心をもつが分子内に対称面があるためにキラルにならない化合物をメソ化合物**という．このメソ化合物の存在のため，"$n$ 個の不斉中心がある場合，$2^n$ 個**以下**の立体異性体が存在すること"という言葉が使われる．整理すると，2-メチルシクロペンタノールも酒石酸も二つの不斉中心をもつため，$2^2$（= 4）個の立体異性体が考えられるが，分子内に対称面がある場合，メソ化合物が生じるため酒石酸のように"3 個"の立体異性体しかない場合がある．

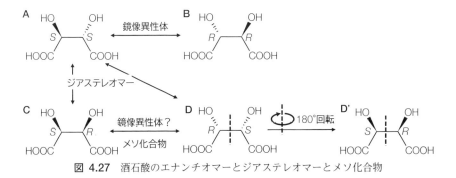

**図 4.27** 酒石酸のエナンチオマーとジアステレオマーとメソ化合物

なお，対称面（鏡面）のほかに，対称心（反転中心）や回映軸でもメソ化合物となる．なお，メソとはギリシャ語で真ん中を表す．

## 4.6.6 Δ（デルタ）体とΛ（ラムダ）体

四つの異なる置換基をもつ四面体構造の鏡像異性体は2種類であったが，中心に金属イオンをもつ6配位の八面体構造において，すべて異なる配位子である場合，30個（15組）の鏡像異性体が存在する．1911年，ウェルナー（Alfred Werner，1913年：配位説によりノーベル化学賞を受賞）らは世界で初めて cis-$[CoX(NH_3)(en)_2]^+$（X = $Cl^-$，$Br^-$）錯体の光学分割に成功した．対称的な二座配位子である 1,2-エテンジアミンを例にして，$[M(en)_3]^{3+}$ 錯体の鏡像異性体について述べる（図 4.28）．4 配位の四面体構造では $R/S$ 表記であったが，6 配位の八面体構造では中心金属イオンに対する二座配位子の位置関係から Δ（デルタ）体と Λ（ラムダ）体を用いる．らせん不斉の"右ねじ・左ねじ"の考え方と同様に立体化学を定義できる．手前と奥にあるそれぞれ三つの窒素から三角形が二つできる．この籠目紋に対して，エテン（旧名 エチレン）でつながっている配位子の窒素同士を"手前"の窒素から"奥"の窒素に矢印を引く．この矢印の回転方向によって，Δ（デルタ；右ねじ）とΛ（ラムダ；左ねじ）を決めることができる．

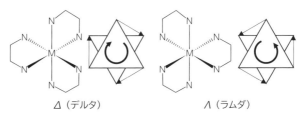

図 4.28　$[M(en)_3]^{3+}$の鏡像異性体（Δ体とΛ体）

さらに，1,2-エテンジアミン配位子には2種類の鏡像関係となるゴーシュ (gauche)配座が可能であり，NとNの線とCとCの線の関係から小文字の$\delta$(デルタ)と$\lambda$(ラムダ)を用いて区別することもできる．1,2-エテンジアミンによってキレートされた五員環構造を抜き出して，$\delta$と$\lambda$の判別方法について解説する（図 4.29）．炭素と炭素間の結合を切ることなく単結合周りの自由回転によって立

体配座（conformation）を変化できることがわかる．左ねじ方向にねじったゴーシュ配座を$\lambda$（ラムダ）-ゴーシュ配座であり，右ねじ方向にねじったものを$\delta$（デルタ）-ゴーシュ配座という．

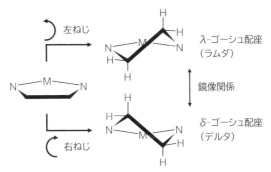

**図 4.29** 五員環キレート構造の$\delta$-ゴーシュ配座と$\lambda$-ゴーシュ配座

### 4.6.7 *fac*体と*mer*体

平面4配位の錯体にアミノ酸が配位する場合の幾何異性体は，シス-トランスの2種類のみである（4.4.1項，図 4.10 参照）．また，1,2-エチレンジアミンのような対称的な二座配位子では$\Delta$体と$\Lambda$体があることを学んだ（図 4.28 参照）．では，アミノ酸のような非対称の二座配位子が6配位の八面体構造に付加する場合，*fac*（ファク）体と*mer*（メル）体の2種類の幾何異性体が存在する（図 4.30）．*fac*体と*mer*体の判別方法を解説する．*fac*体は，アミノ酸配位子の**三つのNを
つなぐと中心金属を通らない三角形の"面"**ができる．この面（facial）が*fac*体の由来である．一方，*mer*体の由来であるmeridionalは子午線のことであり，地球の北極と南極をつなぐ線を意味する．*mer*体で示したように，**三つのNをつ**

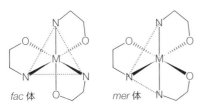

**図 4.30** *fac*体と*mer*体

なぐと中心金属を通る三角形が書ける．この三角形が子午線にみえるために *mer* 体という．

### 4.6.8 *C/A* 表記法

6配位の八面体構造において，① 対称な二座配位子が三つ配位する構造では $\Delta$ 体と $\Lambda$ 体（図 4.28），② 非対称な二座配位子が三つ配位する構造では *fac* 体と *mer* 体（図 4.30），③ 同じ単座配位子が2個だけ配位している構造ではシス体とトランス体（図 4.10, 図 4.11）により分類できた．複数の異なる単座配位子が存在する6配位構造では *C/A* 表記を用いることがある．図 4.31 には異なる六つの単座配位子（L1〜L6）による異性体を示した．*C/A* 表記の判断方法は，初めに六つの単座配位子から CIP 順位則により優先度1番を探す．優先度がもっとも高い単座配位子（L1）とそのトランス位置にある単座配位子を2番目（L2）として基準軸（principle axis）を設定する．基準軸に垂直な配位面内の配位子（L3〜L6）の中から，もっとも優先度が高い配位子（L3）を選び，次に優先度の高いものに対する回転方向から *C*（clockwise，時計回り）と *A*（anticlockwise，反時計回り）を割り当てることができる．図 4.31（a）は面内の優先度が並んでいるが，図 4.31（b），図 4.31（c）では優先度3位と4位が対角線の位置にある．この場合，L3 の両サイドの配位子の優先度を確認して，より小さい数字で回転方向を考える．そのため，図 4.31（b）は反時計回りの *A* 体となり，図 4.31（c）は時計回りの *C* 体となる．

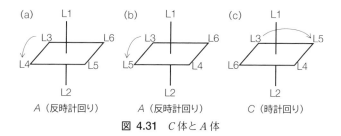

図 4.31　*C* 体と *A* 体

## 4.7 ラ セ ミ 体

◀ **本節を読んでできるようになること** ▶
・3種類のラセミ体について理解する.
・ラセミ体の光学分割法を理解する.

　続いて，鏡像異性体のラセミ化とその分離方法について解説する.

　ラセミ体とは，キラルな2種類の鏡像異性体が，それぞれ"当量"存在することにより旋光性を示さなくなった状態のことをさす. ラセミ体は光学異性体の1対が1：1で混合した状態ともいえる. 当然，有機化合物だけではなく6配位八面体構造の金属錯体にもラセミ体はある. ラセミ体は光学的に非活性であり，偏光光線を通過させても回転しない性質がある. この性質は，鏡像異性体が等量でまざりあうことによって，光学活性が相殺されるためである. ラセミ体の溶液が固体状態のラセミ体（racemate）となるときに，図4.32に示すように二元系融点相図に基づく結晶化挙動から，ラセミ混合物（racemic mixture, racemic conglomerate），ラセミ化合物（racemic compound），ラセミ固溶体（racemic solid solution）の三つの結晶状態をとることが知られている[4.4]. "ラセミ混合物"とは，全体としてはラセミ体であるが，個々の結晶は$S$体だけの結晶と$R$体だけの結晶でできており，それぞれの結晶がまざっている混合物である. ルイ・パスツール（Louis Pasteur）が酒石酸ナトリウムアンモニウム塩のラセミ体をルーペと針で分割できたのは，ラセミ混合物だったからである. 続いて，"ラセミ化合物"とは，一つの結晶が$S$体と$R$体の対(1：1)から構成されているものである. そのため，ラセミ混合物のようにルーペで分割することは不可能である. 最後に，"ラセミ固溶体"とは，一つの結晶内に$S$体と$R$体を含むがラセミ化合物のように当量で含まれていないものをいう. ここで注意してほしいことは，"ラセミ固溶体"全体はラセミ体であるということである. 一つの結晶には，$S$体と$R$体は当量含まれていないが，$S$体が多く含まれた結晶と$R$体が多く含まれた結晶の混晶と考えられ，ラセミ体となるように全体としては1：1の比率となっている. また，固体状態のラセミ化合物とラセミ固溶体は，液体や気体あるいは溶液に溶かすなどのバラバラな状態にすることでラセミ混合物となる.

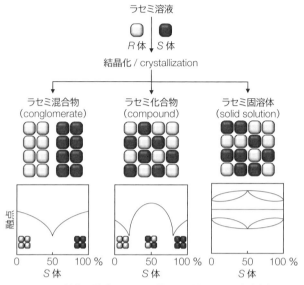

**図 4.32** 鏡像異性体のラセミ結晶の種類と二元系融点相図

　本章の冒頭でも述べたように，ラセミ体は多くの食品や医薬品においてみられる．人工や自然界の合成経路または体内において，鏡像異性体が均等に生成・再生成されたためである．サリドマイド（4.1 節）で解説したように，特定の光学異性体が生物学的な活性をもつ場合，その中の一方の鏡像異性体が有効な薬物として利用され，もう一方の鏡像異性体は不要な副作用を引き起こす可能性がある．そのため，**ラセミ体分離技術は重要視される**．ラセミ体とは 1 : 1 の割合で混合しているものであるが，通常はどちらかの鏡像異性体が過剰に存在するために非ラセミ体となっていることが多い．

　ラセミ体や非ラセミ体から，どちらか片一方の純粋な鏡像異性体を分離して得ることを光学分割（optical resolution）という．昨今知られている光学分割法を大別すると，結晶化法，HPLC 法，速度論法に分類できる．

### 4.7.1　結晶化法（ジアステレオマー塩分割法）

　結晶化法の一つとして，自然分晶を利用したルイ・パスツールの酒石酸ナトリウムアンモニウム塩がある．本手法はキラル源を用いずに光学分割ができる魅力的な方法である．一方のエナンチオマーで構成される結晶を生成するラセミ体

（ラセミ混合物，図 4.32）は少なく，一般的な手法ではないため，さまざまな方法が開発されてきた．結晶化法としてよく利用されるのは，ジアステレオマー塩分割法である．ジアステレオマー塩分割法とは，ラセミ体をキラルな分割剤（酸や塩基）と反応させて光学分割を行う方法である．図 4.33 には，ジアステレオマー塩分割法の例を示した．

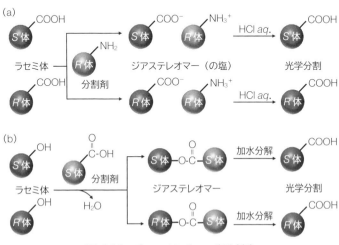

**図 4.33** ジアステレオマー塩分割法

図 4.33 に示すように，R 体あるいは S 体のどちらかの分割剤を用いて，ラセミ体をジアステレオマーにすることにより科学的な性質に差をつけ光学分割する．塩をつくる図 4.33（a）の方法以外にも有機合成的に反応させる図 4.33（b）の方法がある．

### 4.7.2 HPLC 法 ▶

HPLC 法による光学分割は，光学活性な化合物を固定化させた充塡剤を HPLC カラムに用いて，鏡像異性体の保持時間に差をつけることで光学分割を行う方法である．保持時間を既知の化合物と比較することで，絶対配置を認識することも当然できる．シリカゲルにらせん高分子を担持させることで，キラルカラムの開発が始まった．キラルカラムの進歩は，実験室レベルだけではなく医薬品の工業生産にも普及している．当初は，展開溶媒に制限があったが，昨今では固定相で

116 第4章 分子の立体化学：立体構造と性質の相関を探る

あるシリカゲルゲルをセルロース誘導体やアミロース誘導体に変更することで解決され，さまざまな展開溶媒を用いることができ光学分割できるラセミ体の種類に制限はなくなりつつある．

## 4.7.3 速度論法

速度論法による光学分割は，**酵素を用いる生物的速度論法と光学活性物質を用いる化学的速度論法に大別することができる**．酵素は光学活性なタンパク質であり，基質は限られるが相当に高い不斉認識能力を有する．ラセミ体のうち，片方の鏡像異性体を選択的に反応・分解することで，片方の鏡像異性体を得る手法である．本手法の代表例としては，ルイ・パスツールがペニシリンの光学分割において酵素反応を利用し生産プロセスに成功したことで知られている．近年，リパーゼを用いた有機化合物の変換に酵素反応を利用したことをきっかけに，酵素を用いた有機合成が行われている．一方で，高い不斉認識能力は，ラセミ体のうちの片方の鏡像異性体が不要になることを意味しており，コストをかけて合成した化合物のうち，不要となる片割れの鏡像異性体を再利用しなければ最大収率が50％となる問題がある．合成スキームにおいて両方の鏡像異性体を利用可能とする反応経路や不要となる鏡像異性体の再利用法を考慮することが研究者として必要不可欠といえる．

この酵素を用いるうえでの本質的な問題については，基質をラセミ化しながら酵素が片方の基質のみに作用する動的速度論的分割（DKR）[4,5)] に関する研究が進んでいる．ラセミ化とは，光学活性な基質（純粋な鏡像異性体）が熱や試薬により，量が多い鏡像異性体（たとえば，S体）が量の少ない鏡像異性体（たとえば，R体）に変化することで，ラセミ体となり光学活性が消失する現象をさす．酵素反応による光学分割に当てはめれば，酵素反応により減少する鏡像異性体をもう一方の鏡像異性体がラセミ化反応することで減少した鏡像異性体を供給する．ラセミ化の方法としては，金属触媒，ラセミ化酵素，反応条件（アルカリ・熱）などが用いられる．本書では紙面の都合上，割愛するが DNA shuffling 法や PCR などの目覚ましい技術革新が行われ，利用する酵素への機能付与に関する研究が精力的に進められている[4,6)]．

化学的速度論法は，1899 年にマルクヴァルト（Willy Marckwald）とマッケンジ－－（Alexcander McKenzie）によって，ラセミ体のマンデル酸を天然から得ら

4.7 ラ セ ミ 体　117

れる光学活性なメントール（光学活性物質）との脱水反応の反応速度の違いを利用して，速度論的光学分割を実現した．速度論的光学分割の条件としては，反応部位の隣接原子が不斉中心であり，不斉中心にかさ高い置換基があり立体障害を誘起している必要があると考えらえる．図4.34には，エステル化反応とマンデル酸の反応部位を示した．反応機構は，共鳴構造を介した後，四面体中間体を形成すると考えられている．

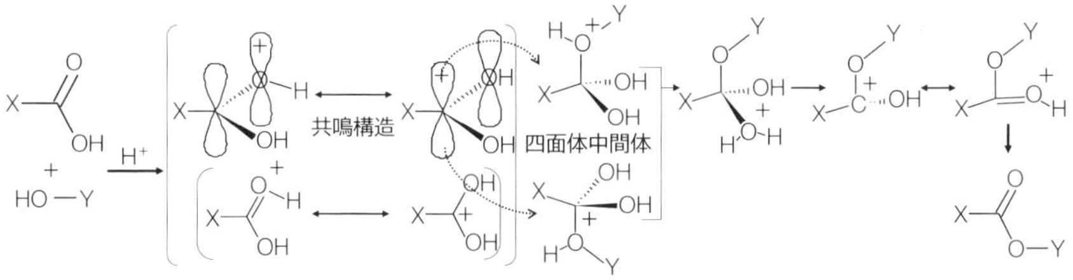

図 4.34　エステル化反応と四面体中間体

　四面体中間体を形成する前のカルボニル炭素は $sp^2$ 混成であり，p 軌道の上下は同じ確率でアルコール（Y−OH）が付加する．カルボニル炭素に対する反応性は同じ確率のため反応速度に差は生じない．また，ブタンの臭素化（ラジカル）反応をみてみる（図4.35）．臭素ラジカルの水素引抜きにより生じた平面三角形の中心炭素は $sp^2$ 混成であり，先ほどと同様の議論ができることから反応速度に差が生じず，生成する 2-ブロモブタンはラセミ化する．これらの二つの例では，反応部位の隣接原子は不斉中心ではなく，かさ高い置換基もない．

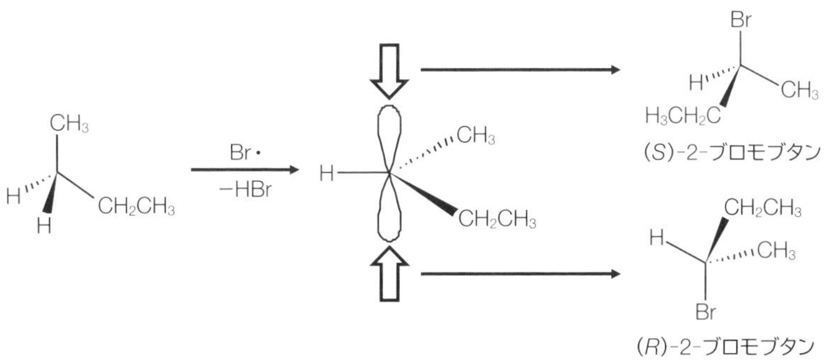

図 4.35　ブタンの臭素化ラジカル反応

では，不斉中心とかさ高い置換基をもつマンデル酸と (S)-2-ブロモブタンを例に速度論的光学分割について解説する．図 4.36 には，(R)-マンデル酸のそれぞれの共鳴構造と (S)-2-ブロモブタンの遷移状態の構造を示した．図 4.34 と図 4.35 を比較すると，共鳴構造部位の隣接原子が不斉炭素のため，R/S 配置により共鳴構造周りの空間に差が生じる．置換基の立体障害により，反応部位（図中の矢印）に対する反応性に差がある．結果として，反応速度に差が生じることになり，ラセミ体ではなく片方の鏡像異性体に生成比が偏った非ラセミ体になる．

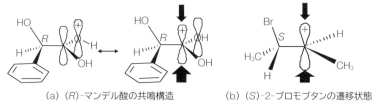

(a) (R)-マンデル酸の共鳴構造　　(b) (S)-2-ブロモブタンの遷移状態

図 4.36　反応部位（矢印）

反応式から推察できるように，光学活性物質による光学分割を実現するにはラセミ体に対して化学量論量が必要となる．逆に，生物的速度論法の酵素は微量で光学分割が達成可能であるが基質に制限があるので，反応速度を利用した光学分割を実現するための光学活性物質の"量"も研究対象といえる．

## 4.8　立体配座異性体

◀ **本節を読んでできるようになること** ▶
- 立体構造の紙面での表記方法（各表記法と投影図）を理解する．
- D/L について理解する．

本章冒頭にメタンなどの四面体構造の立体構造表記について"破線-くさび形表記法"による解説をした．改めて，**"破線-くさび形表記法"の利点**についてまとめる．

① 分子内の結合が平面内にあるか，平面外に突出しているか明示的に表すため，平面の紙に書かれた分子構造の立体配置がわかりやすく表現される．

② 鏡像異性体（エナンチオマー）を考察するさいに，不斉中心など不斉を簡

潔かつ直感的に表現でき，鏡像異性体を区別しやすい．
③ 反応中に生じる新しい不斉や立体的な変化を追跡するのに便利である．
④ 感覚的に立体構造をイメージしやすく，手書きで三次元構造を表記できる．

続いて，"知らないとわからない立体構造表記法"であるニューマン・フィッシャー・ハースの三つの"投影式"について解説する．

## 4.8.1 ニューマン投影式 ▶

二つの炭素を結ぶ結合から原子の位置関係を投影し分子全体の立体構造を表記する方法がニューマン（Newman）投影式である．図 4.37 には (a) にエタンと (b) 1-ブロモプロパンの分子構造（左）とニューマン投影式（右）を示した．

炭素原子には 1~3 をナンバリングしてある．エタンを例にすると手前の C1 原子は三つの H 原子の結合の交点として示され，後方の C2 原子は円として表される．1-ブロモプロパンでは C2−C3 の結合を軸としたニューマン投影式であり，手前の交点が C2 原子であり，後方の円が C3 原子となる．エタンと異なり，C2 から伸びている結合に C1 原子があり，後方の C3 から伸びる結合に Br があることがわかる．

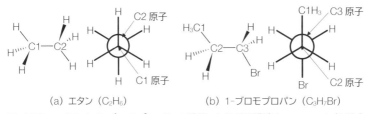

(a) エタン（$C_2H_6$）　　　　(b) 1-ブロモプロパン（$C_3H_7Br$）
**図 4.37** エタンと 1-ブロモプロパンの破線-くさび形構造とニューマン投影式

単結合は自由回転が可能であるため，回転によってさまざまな配座をとる．1-ブロモプロパンを例にすると，端の原子である $C1H_3$ 原子と Br の互いの位置関係から配座名を分類することができる．図 4.38 には，C1 位置は固定して C2−C3 の結合軸を自由回転させて Br との位置関係の異なる 4 種類を示した．C1 と Br がもっとも遠く離れた配座 ① をアンチ配座（anti conformation）という．アンチ配座はトランス配座（*trans* conformation）ともいう．次に離れている配座 ② はゴーシュ配座（gauche conformation）という．配座 ② では，Br が右側に

みえるが，Brが左側にくる場合もゴーシュ配座という．ただし，この二つのゴーシュ配座は"右らせん"と"左らせん"の関係にあり，まったく同じというわけではないので注意が必要である．アンチ配座とゴーシュ配座を合わせてねじれ形配座という．

続いて，端の原子同士が重なり合う，重なり形（エクリプス）配座がある．1-ブロモプロパンのかさ高い置換基同士（$CH_3$とBr）が重ならない場合（③）と重なる場合（④）とで構造安定性に違いが生じる．C—C結合の回転に対する各立体配座のエネルギーを考えると，エネルギーが高いほうから④＞③＞②＞①となる（図4.38）．ねじれ形配座は重なり形配座に比べて，各原子が立体的に離れているので立体障害が少なくエネルギー的に安定している．アンチ配座とゴーシュ配座では，よりかさ高い原子が離れているアンチ型のほうが一般的に安定である．しかしながら，1,2-ジフルオロエタンはアンチ配座よりもゴーシュ

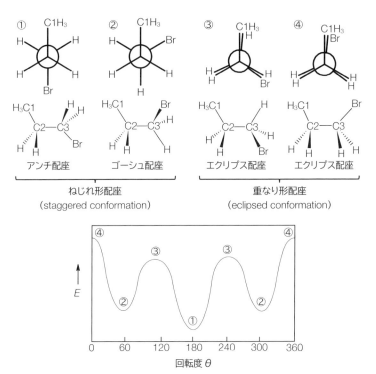

図 4.38　1-ブロモプロパンのねじれ形配座と重なり形配座とエネルギー

配座のほうが安定であることが知られている（1,2-ジクロロエタンと 1,2-ジブロモエタンはアンチ配座が安定である）．この理由は，電気陰性度がもっとも高いフッ素原子による C—F 結合の高度な分極の結果，双極子的な安定化をもたらしたゴーシュ配座をとるほうがアンチ配座よりも安定になるためといわれている．このゴーシュ配座のほうが安定なことを**ゴーシュ効果**という．このゴーシュ効果による特徴的な配座は，触媒や生物活性分子の構造設計に利用されている[4,7]．

さらに，有機化学の教科書のニューマン投影式の単元では"**アンチペリプラナーの配座でないと脱離（E2）反応が起きない（にくい）**"などの解説がある．図 4.39 には，二面角と二面角の相対的な位置関係による配座名を示した（図の右上に名称早見表を記載してある）．1-ブロモプロパンを例にすると，二面角を構成する二つの面は C1−C2−C3 による面と C2−C3−Br による面である．

C1−C2−C3 による面を固定して，C2−C3−Br による面を動かす．二面角が 180° であるアンチ配座 ① はアンチペリプラナーという．早見表を用いることで簡単に決めることができる（注意：C1 の位置は固定）．二面角の位置関係から，② は 60° の二面角をもつ，表から C2−C3−Br の面は"シン"と"クリナル"を

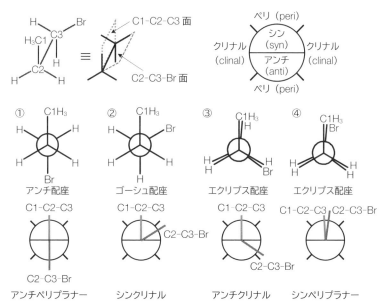

**図 4.39** 図 4.39 の二面角の相対関係による名称

さすことからシンクリナルとなる．同様にして，③ アンチクリナル，④ シンペリプラナーとなることがわかる．二面角が 0° および 180° では平面となるので"プラナー"が名称につく．

　直鎖アルカンだけではなくシクロアルカンについてもニューマン投影式を描くことができる．前述の通り，シクロヘキサンにはいす形と舟形がある．それぞれの構造についてニューマン投影式を示した．分子構造の矢印方向からみてニューマン投影式を示している（図 4.40）．

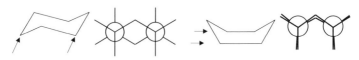

**図 4.40**　いす形と舟形のシクロヘキサンのニューマン投影式

## 4.8.2　アンチペリプラナー配座と脱離（E2）反応

　脱離反応に二分子脱離反応（bimolecular elimination reaction），通称 E2 反応がある．二つの分子が反応して一つは付加反応あるいは置換反応，もう一つが脱離反応を起こす反応機構（協奏反応）である．2 分子が同時に反応にかかわるために化合物の立体配置によって，生成物のシス-トランスが変化する場合やそもそも反応が起きない場合がある．(2S)-2-ブロモブタンを例に E2 反応とニューマン投影式の見方を解説する（図 4.41）．E2 反応は，① 塩基が水素（$H_a$）に付加する反応，② 二重結合の形成，③ 臭素（Br）の脱離が同時に起きる協奏反応である．この協奏反応は，① の $H_a$ と ③ の Br が互いにもっとも離れた立体配座（アンチ配座）あるいはアンチペリプラナーの配置のときのみ反応が進行する．結果として，トランス-2-ブテンが生成する．

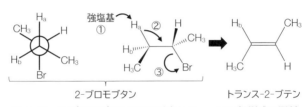

**図 4.41**　2-ブロモブタンの E2 反応とニューマン投影式の関係

では，(2S)-2-ブロモブタンがアンチ配座ではなくゴーシュ配座の場合を考えてみる．$H_a$ と $H_b$ が入れ替わったゴーシュ配座でも E2 反応に関与する H と Br の立体配置はアンチ配座となることがわかる（図 4.42）．結果として，ゴーシュ配座からはシス体が生成される．立体配座が異なることで (2S)-2-ブロモブタンの E2 反応の生成物にはシスとトランスの異性体が生じる．ただし，図 4.38 で解説したように，C—C の単結合は自由回転するがゴーシュ配座に比べてアンチ配座のほうがエネルギー的に安定な構造である．つまり，(2S)-2-ブロモブタンの E2 反応によってトランス-2-ブテンが優先的に生成することがわかる．

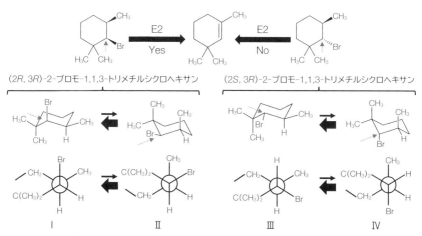

**図 4.42** 2-ブロモブタンの配座の違いによる生成物の違い

また，2-ブロモ-1,1,3-トリメチルシクロヘキサンを例にすると，立体配座の違いによって E2 反応が進まないことがわかる．図 4.43 で示したように，それぞれの分子で平衡状態の二つのいす形構造と図中の矢印からのニューマン投影式を示

した．これら I～IV の立体構造において，H と Br がアンチペリプラナーの関係にあるのは "I" の構造のみである．つまり，マレイン酸とフマル酸で述べたように，シス-トランス異性体は別物と考えることを実感できたと思う．

**"ニューマン投影式" の利点**

① 分子の立体構造を直感的に表示するだけではなく，とくに二面角（dihedral angle）がわかりやすく表記できるため，反応経路や分子間相互作用を理解するのに役立つ．

② 分子内部での立体障害を容易に評価できるため，立体化学的な観点から分子の特性を理解するのに有益である．

③ 分子の三次元構造が反応性や化学的・物理的性質に影響を与えるのを理解するのに有効といえる．

④ 異なる立体配置を簡便に比較するのに適している．

### 4.8.3 フィッシャー投影式

エミール・フィッシャー（Emil Fisher）が 1891 年に糖類の立体配座を表現するために初めて使用した．フィッシャー（Fischer）投影式は，不斉炭素の絶対立体配置の表記法の一つである．図 4.44 には，グリセルアルデヒドの破線-くさび形表記とフィッシャー投影式を示した．**この表記法では交点に不斉炭素原子があり，十字の縦線は "奥側"，横線は "手前側" にある．**フィッシャー投影式の書き方として，① 中心の炭素記号は省略，② 縦線は可能な限り炭素が含まれた置換基であること，③ 酸化数が大きい順に上から描くこと，の三つのルールがある．

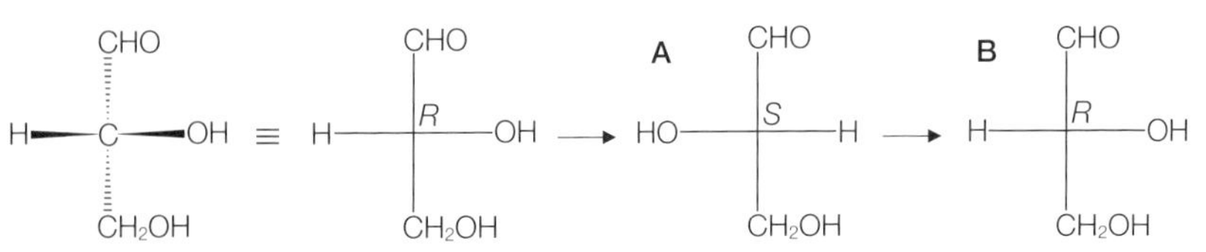

**図 4.44** グリセルアルデヒドの破線-くさび形表記とフィッシャー投影式

### 4.8.4 フィッシャー投影式での R/S 表記と R/S 変換

図 4.44 のグリセルアルデヒドの置換基の優先度は，OH > CHO > CH₂OH >

Hとなる（CIP順位則）．優先度4番目のHは横線であることから"手前"であることに注意する．$R/S$表記の覚え方（4.5.3項：図4.18参照）から4番目の原子が"手前"のときに"S"と書ける場合は$R$体である．続いて，横線の置換基の位置を入れ替えた**A**の構造の不斉炭素が$S$体となる．さらに，横線の置換基を入れ替えた**B**の構造では$R$体に戻る．つまり，横線の置換基を"1回（奇数）"入れ替えると$R/S$表記が逆転し，"2回（偶数）"入れ替えると$R/S$がもとに戻ることがわかる．なお，注意が必要であるが，置換基を"入れ替えた"のであって，$CH_2OH$基も含めて回転させて置換位置を変更したわけではない．

続いて，一つの置換基を固定して，ほかの三つの相対的な位置関係は変えずに時計回りや反時計回りに回転させても同じ立体化学となる（図4.45）．なお，固定する置換基は縦でも横でもかまわない．この置換基の入れ替えや固定の考え方は，フィッシャー投影式からハース投影式などへの変換操作のさいに使うため，$R/S$表記法がどうなるかも含めて理解しておくこと．

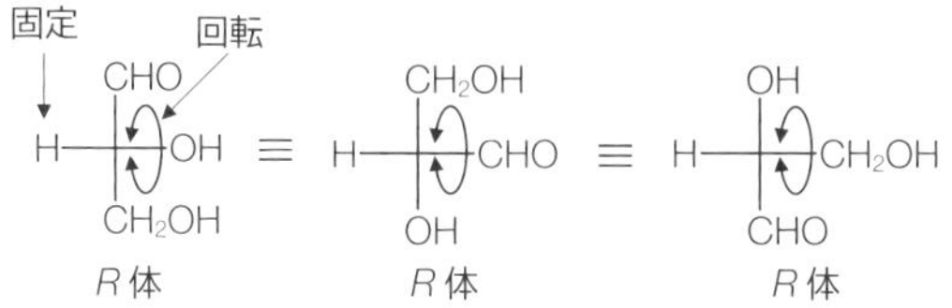

**図 4.45** グリセルアルデヒドのHを固定して回転させたときの$R/S$表記

## 4.8.5 D/L表記法

糖やアミノ酸の鏡像異性体を区別する方法としてD/L表記法がある．フィッシャー投影式のもっとも酸化数が大きい置換基（一番上）からもっとも離れた不斉炭素の絶対配置に注目してD/Lを決定する．図4.46には，グリセルアルデヒドとグルコースおよびアミノ酸のセリンの分子構造を示した．D-グリセルアルデヒドの分子構造を基準として，OH基が右側にくるものをD体，OH基が左側にくる異性体をL体とする．グルコースは酸化数がもっとも大きい置換基（CHO）からもっとも離れた不斉炭素がD-グリセルアルデヒドと同様に右側にOH基を有するために"D体"と表記する．

このD体とL体の語源は，dextro-roratory（右旋性；時計回り）とlevorotatory（左旋性；反時計回り）であるが，留意することに D 体が必ずしも旋光計で右旋性（*d*-）を示すわけではない．そもそもとして，**大文字の D/L と小文字の *d*-/*ll*- は意味が同じではない**．D/L 表記法が確立する過程で，糖類の立体構造のどちらが右旋性か左旋性かを知る手段はなかった．たまたま，D 体と決めた D-グリセルアルデヒドが右旋性（*d*-）であっただけである．これは，D-フルクトースが旋光計ではその別名である果糖（levulose）に示すように左旋性（*l*-：levorotatory）の糖類であることからも関係がないことがわかる．

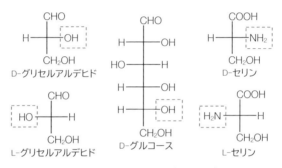

**図 4.46** 糖類やアミノ酸の D/L 表記

アミノ酸の D/L 表記法は，グリセルアルデヒドの CHO を COOH に置換し，OH を NH$_2$ に置換するとセリンになることを踏まえて決定した．糖と同様に考えて D/L 表記を決定するのが簡単である．D/L と *R/S* の関係について述べておくと，たとえば，dextro-roratory（右旋性；時計回り）を語源とする D-セリンの不斉炭素は *R* 体（CIP 順位則で時計回り）である．**20 種類のアミノ酸のうち，19 種類は D/L 体と *R/S* 表記が一致する**．"システイン"だけが D/L 表記と *R/S* 表記が一致しない．D-システインの不斉炭素は *S* 体（反時計回り）である（図 4.47）．このシステインの不一致により，アミノ酸は *R/S* 表記ではなく D/L 表記が使われている．

フィッシャー投影式に関する語句をまとめると，
① D/L 表記はフィッシャー投影式の絶対配置
② d-/l-表記は旋光計の結果
③ R/S 表記は置換基の CIP 順位則による優先度

であり，根拠となるルールが異なっているため関連性があるようでまったくの別物であることを理解しておく．著者が生徒の頃，地球上の生物を構成するアミノ酸は L 体のみだけで構成され，D 体はごくわずかしか存在しないと学んだ．最新研究によれば，D 体のアミノ酸が生体内にも存在し，生理活性機能をもち，また関連酵素が体内に存在することが明らかとなってきている．R/S と同様に D/L は物理・化学的性質は同じであり，旋光性だけが異なるが，"味"が違うことは有名な話である．また，DNA や RNA をはじめとする糖類は天然では D 体のみで構成されている．アミノ酸は L 体，糖は D 体など，生命が鏡像異性体の片方だけを用いてなぜ構成されたのか "ホモキラリティー" という大きな謎が研究対象としてある[4.8)]．

## 4.8.6　ハース投影式とグルコース ▶

　フィッシャー投影式とハース（Haworth）投影式の関係性について理解する．糖の分野において，鎖状構造ではフィッシャー投影式が用いられるが，環状構造ではハース投影式を用いることが多い．例として，グルコース（$C_6H_{12}O_6$）は，鎖状構造，α形とβ形の六員環構造（フルクトピラノース），α形とβ形の五員環構造（フルクトフラノース）の五つの立体構造があり，これら五つの構造は水溶液中で平衡状態であり，そのほとんどが環状構造をとる．5 位あるいは 4 位の炭素原子に結合するヒドロキシ基（OH 基）が 1 位のホルミル基（CHO 基）に付加することで鎖状構造から環状構造を生じる．付加反応によりヘミアセタール構造となった 1 位の炭素原子が新たに不斉炭素となり，この不斉炭素をアノマー炭素という（図 4.48 の "1" の炭素）．

　図 4.49 には D-グルコースの鎖状構造と環状構造（ハース投影式）および水溶液中でのだいたいの存在割合を示した．D 体由来の環状構造の表記方法は，① 五員環や六員環構造を平面として，上下に OH 基を書く，② エーテル酸素は "右上" に，アノマー炭素を "右端" に書く，③ $CH_2OH$ 基が上になる，の三つである．鏡像関係にある L-グルコースの環状構造は，エーテル酸素の位置を "右上"

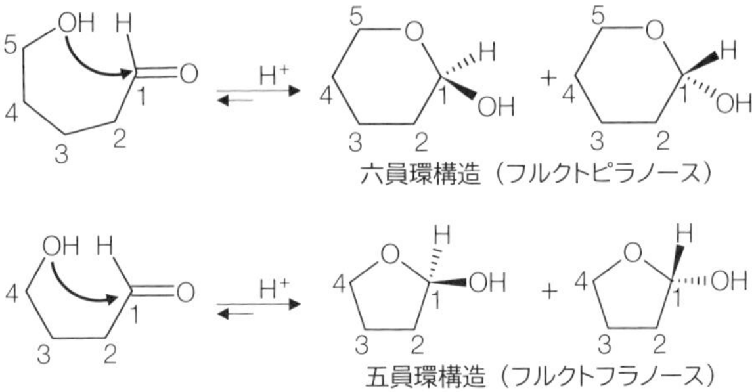

128　第4章　分子の立体化学：立体構造と性質の相関を探る

図 4.48　鎖状構造から環状構造への反応式

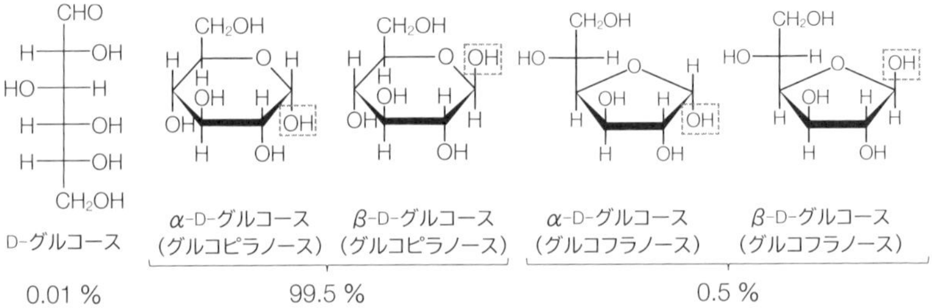

D-グルコース　　　α-D-グルコース　　β-D-グルコース　　α-D-グルコース　　β-D-グルコース
　　　　　　　　　（グルコピラノース）（グルコピラノース）（グルコフラノース）（グルコフラノース）

0.01 %　　　　　　　　99.5 %　　　　　　　　　　　0.5 %

図 4.49　D-グルコースの鎖状構造（フィッシャー投影式）と環状構造（ハース投影式）

に合わせると，上下に出ている置換基がすべて逆の構造になる（図 4.51 参照）．

　アノマー炭素の **α 形と β 形の判別方法は，D 体に限れば，アノマー炭素の OH 基が "下" のとき α 形であり，"上" のときに β 形となる**．あるいは，アノマー炭素の絶対配置が S 配置であれば α 形，R 配置であれば β 形となる．つまり，L 体由来の場合は，エーテル酸素を右上に固定すると，置換基の上下が反転するので，アノマー炭素の αβ の判別方法が逆転するので注意が必要である．D/L 由来に限らない判別方法であれば，$CH_2OH$ とアノマー炭素の OH 基がトラン

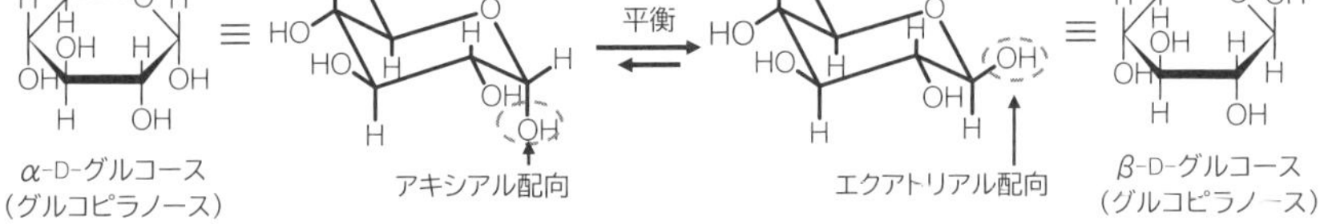

α-D-グルコース　　　　　　　　　　　　　　　　　　　　　　　　　　β-D-グルコース
（グルコピラノース）　アキシアル配向　　　　　　エクアトリアル配向　　（グルコピラノース）

図 4.50　グルコースの α 形と β 形のハース投影式といす形配向

ス関係にある場合は $\alpha$ 形で，シス関係にある場合は $\beta$ 形である．

　前述の通り $\alpha$ 形と $\beta$ 形も平衡状態にある．六員環において，一般的に $\beta$ 形のほうが $\alpha$ 形に比べて熱力学的に安定である．実際，水溶液中では $\beta$ 形と $\alpha$ 形の割合は 6：4 で $\beta$ 形のほうが優勢である．この安定性の違いは立体構造にある．図 4.50 に D-グルコースの $\alpha$ 形と $\beta$ 形のハース投影式といす形配座を示した．いす形配座からわかるように，$\beta$ 形は側鎖の OH 基がすべてエクアトリアル配向である．アキシアル配向に比べて，エクアトリアル配向ではアキシアル置換基間（1,3-ジアキシアル相互作用）の立体障害がない分，安定となる．

　一方で，アノマー炭素のヒドロキシ基を $OCH_3$ 基に置換したグルコースでは $\alpha$ 形のほうが優勢になることが知られている．さらに言い直せば，先ほどの D-グルコースにおいても $\alpha$ 形は 4 割ほど存在し，糖は予想に反して $\alpha$ 形の比率が多いのである．このように，**熱力学的に不安定な $\alpha$ 形になりやすい傾向をアノマー効果という**．アノマー効果がもっと観察されるのは酸素のときだが，非共有電子対をもつ窒素や硫黄などのヘテロ原子が環に含まれる場合でも観察される．この要因については，超共役や計算科学での双極子の最小化によるものなど，多くの仮説が提唱されている．なお，余談であるが，甘味成分である果糖にも $\alpha$ 形と $\beta$ 形が存在し，冷却することで熱力学的に安定な $\beta$ 形に平衡が偏る．$\beta$ 形は $\alpha$ 形に比べて甘味が強いため，果糖を含むジュースなどは冷やすことによって甘みが増すといわれている．

## フィッシャー投影式からハース投影式への書き換え

　フィッシャー投影式である鎖状構造から環状構造であるハース投影式への変換方法を紹介する（図 4.51）．

① フィッシャー投影式の鎖状構造の 5 位の炭素を回転して，下側に OH をもってくる．このとき，置き換えではなく，回転させることに注意する．

② 破線-くさび形表記を追記する．なお，この構造は重なり形配座であり，HGS 分子構造模型で組み立てるとわかるがフィッシャー投影式のようにまっすぐな状態にはできず円になることがわかる．

③ フィッシャー投影式の左側の置換基はハース投影式の上側の置換基で，右側の置換基はハース投影式の下側の置換基となるように倒す．

④ アセタールを形成して環状構造にする．このとき，1 位あるいはアノマー炭素の OH 基を $CH_2OH$ と逆側にすると $\alpha$ 形，同じ側にすると $\beta$ 形となる．

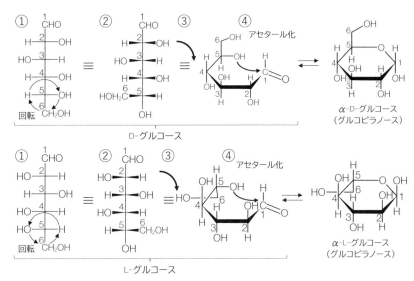

図 4.51 フィッシャー投影式からハース投影式への変換方法

## "フィッシャー(ハース)投影式"の利点
① 非常にシンプルな表記方法で,分子構造の平面投影を単純な線として表現するため,ルールに慣れてしまえば記述しやすい.
② 糖などがもつ不斉中心や立体異性体の関係が平面上の配置で理解できる.
③ 糖やアミノ酸の反応メカニズムを理解するうえで,反応がどの部位で起き,不斉中心がどのように変化するかがみやすい.

このほか,投影式としてナッタ投影式やのこぎり台投影式がある.ナッタ投影式とは四面体構造をとる炭化水素分子において,ジグザグ構造をとる主鎖を紙面の手前と奥の置換基をくさび形と破線形で表記する方法であり,ポリマーの立体規則性などのさいに用いることがある.

## 4.9 HGS分子構造模型を用いた立体化学の理解

◀ 本節を読んでできるようになること ▶
・HGS分子構造模型の使い方を理解する.

これまでの立体化学を深く簡便に理解するうえで欠かせない"分子模型"教材

について述べる．頭の中で想像してもよいが，一度手に取り分子模型を使って立体化学を考えれば，頭の中で立体を動かすことも容易になるし，記憶の定着にもよい．また，三次元的な思考には差がある．授業で取り扱うさいにも，分子模型を用いることで生徒や学生の理解力の差が少なくなると考える．

## HGS 分子構造模型の使い方 ▶

**（1） 内容物について**：表 4.1 に分子構造模型 C 型セットの部品表を示す．炭素と窒素は $sp^3$ と $sp^2$ の結合様式によって 2 種類のタマが含まれている．また，結合ボンドも結合種によって使う部品が異なっている．同封されている "pm（ピコメートル）の物差し" を使うことで，組み上げた分子のサイズを測ることもで

**表 4.1** HGS 分子構造模型 C 型セットの部品表

● タマ

| 部品コード | 用途 | 色 | 型 | 結合角度 | 穴数 | 個数 |
|---|---|---|---|---|---|---|
| ATOM-01 | H | 水色 | 球 | 180° | 2 | 30 |
| ATOM-02 | $C^4$ | 黒 | $sp^3$ | 109° 28′ | 4 | 30 |
| ATOM-03 | $N^4$ | 青 | $sp^3$ | 109° 28′ | 4 | 4 |
| ATOM-04 | $O^4$ | 赤 | $sp^3$ | 109° 28′ | 4 | 4 |
| ATOM-08 | $Cl^4$ | 緑 | $sp^3$ | 109° 28′ | 4 | 4 |
| ATOM-09 | $C^5_{20}$ | 黒 | $sp^2$, $dsp^3$ | 90°, 120° | 5 | 14 |
| ATOM-10 | $N^5_{20}$ | 青 | $sp^2$, $dsp^3$ | 90°, 120° | 5 | 2 |
| ATOM-17 | $m^{14}$ | 灰 | $sp^2$ $sp^3$ $d^2sp^3$ | 90° 109° 28′ 125° 16′ | 14 | 2 |

● ボンド

| No. | 用途 | 色 | 結合距離 (pm) | 本数 |
|---|---|---|---|---|
| 2 | C—H | 桃 | 110 | 30 |
| 4 | C⋯C | 緑 | 140 | 16 |
| 6 | C—C | 白 | 154 | 40 |
| 7 | C—Cl / C—S | 黄 | 180 | 6 |
| 10 | C=C | 青 | 133 | 16 |

100 pm＝0.1 nm＝1 Å　＊ボンドを引き抜くためのボンドプラーが入っている．

● 軌道坂

| 部品コード | 用途 | 色 | 個数 |
|---|---|---|---|
| OPB-1 | p 原子軌道板 | 青 | 6 |
| OPG-2 | p 原子軌道板 | 緑 | 6 |

● 物差し

| 用途 | 本数 |
|---|---|
| 原子間距離計測用（単位 pm） | 1 |

きる．また，刺した結合ボンドがタマから抜けないときは，"ゴム栓"を使うことでストレスなく簡単に結合ボンドを抜くことができる．欠点としては，水素のタマの転がりやすさだが，著者は購入後すぐに水素のタマに桃色の結合ボンドをさす．転がりにくくなるし，転がって机の下に落ちても桃色は見つかりやすい．さて，早速 HGS 分子構造模型の使い方を述べていく．

**（2） p 軌道板を使いこなす**：有機化学において，初めに学ぶアルカンのうち"エタン（$C_2H_6$）"をつくる．図 4.52 は HGS 分子構造模型でつくったエタンである．炭素の中心間の距離は同封されている物差しで測ると約 153 pm である．これは $sp^3$ の炭素間結合としてほぼ正しい値である．また，一つの炭素原子に注目すると，結合している水素原子やメチル基によって四面体構造を形成していることがわかる．さらに，結合角も市販の分度器をあててみれば 109°になっていることがわかる．みる方向を変更することで，ニューマン投影式を理解するのに利用できるし，立体構造を手のひらで動かすことでアンチ配座の安定性や重なり形配座の立体障害がわかる．

続いて，エテン（旧名 エチレン，$C_2H_4$）をつくる．エテンはエタンの炭素間の結合が単結合から二重結合に代わり，結合している水素の数が 2 個減る分子構造である．図 4.53 に示すように，エテンのつくり方は，カーブした結合ボンド（青色）を用いる場合と p 軌道板を用いる場合の 2 パターンがある．両方とも炭素間の結合距離は約 133 ppm である．さて，図 4.53 の HGS 分子構造模型の見た目は全然違うが，どちらもエテンの分子構造模型である．図 4.53（a）の青カーブの結合ボンドを用いたほうが初学者には二重結合が直感的にわかりやすい．一方，図 4.53（b）の表し方は"混成軌道"をもとにしている．二重結合は σ 結合と π 結合の二つの結合からなる．炭素間を直接つないでいる結合ボンド（緑色）が二重結合での σ 結合である．そして，各炭素原子から上下に出ている p 軌道板による結合が π 結合であり，炭素間を横方向から結合しているのがわかる．

**図 4.52** エタンの HGS 分子構造模型

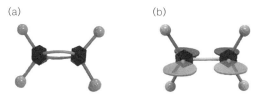

**図 4.53** エテンの HGS 分子構造模型（2 パターン）

二重結合が二つ連続で結合したアレンという物質がある（図 4.22 参照）．この物質はねじれた構造である．なぜ，ねじれた構造をとるかについては分子構造模型を組み立てるとすぐにわかる．

続いて，ベンゼン（$C_6H_6$）をつくる．先ほどのエタンと同様に 2 パターンでベンゼンを組み立てることができる（図 4.54）．

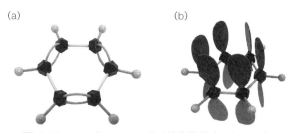

**図 4.54** ベンゼンの HGS 分子構造模型（2 パターン）

図 4.54（a）から，ベンゼンが共役構造をもっていることがわかる．一方で，ベンゼンは二重結合と単結合が交互に連続した共役構造であり，実際にはすべての炭素間の距離は等しく，すべて同じ 139.7 pm である．この炭素間距離（139.7 pm）は単結合 153.4 pm と二重結合 133.7 pm の中間の値である．中間の値を示すということは，すべての炭素間の結合距離が等価（同じ）ということを意味している．ケクレ構造で示すと単結合と二重結合が交互に書かれるが，二重結合を形成する π 結合の電子は非局在化しているため，π 電子はケクレ構造で示される二重結合などの特定の結合に寄与していない．非局在化した電子は，ベンゼン環の上下に環状の π 電子雲を形成する．これを表しているのが，図 4.54（b）といえる．炭素間をつなぐ緑色の結合ボンドは同じものであり，結合距離は等価である．また，上下の p 軌道板が π 電子雲を表している．図 4.54（b）の分子構造模型においても，任意の p 軌道板の組合せにより π 結合を形成した場合，その組合

せに隣接する p 軌道板とは π 結合を形成することができずに，逆方向の p 軌道
板とそれぞれ π 結合を形成する．あるいは，二重結合を形成しないと考えた組合
せを π 結合とした場合，先と同様に隣接する p 軌道板と π 結合を形成すること
ができずに逆側の p 軌道板と二重結合を形成する．これは，単結合と二重結合の
位置は交互に入れ替えて書くことができることを意味している．ベンゼン環の中
央に丸を書く表記は，電子の非局在化を強調した書き方としても知られている．

# HGS 分子構造模型への想い

　分子の立体を真？ に深に学ぶうえで欠かすことのできない "HGS 分子構造模
型"．2015 年，製造元であった日ノ本合成樹脂製作所が廃業するということで，
"HGS 分子構造模型は在庫のみ" で今後は入手不可能というニュースが流れた．
当時は SNS をはじめ，大きな話題となり某有名ショッピングサイトでも一時期
入手が困難になったのを記憶している．その後，丸善グループより再販される
というニュースが流れ，現在では販売のみならず制作も担うようになった．当
時，丸善グループが再販するというニュースをみたさいには "なんと胸熱" と
口に出して "HGS 分子構造模型のすばらしさ" を学生に布教したのを覚えている．
　さて，HGS 分子構造模型との出合いは大学での有機化学である．カトチュー
とよばれた加藤忠弘（かとうただひろ）先生の立体化学に関する授業では毎回
のように HGS 分子構造模型を学生が自ら組み立て，その構造をグニャグニャ動
かしたことを覚えている．また，HGS 分子構造模型には "pm（ピコメートル）
の物差し" が内包されており，組み立てた分子構造模型の長さを測ったときに
は "こんなんで測れるの？" と驚くと同時に，組み立てて構造を眺めさせるだ
けではなく，きちんと構造の長さや角度に信頼性をもたせている分子構造模型
の奥深さに感動したことを覚えている．研究室配属後，単結晶 X 線構造解析や
NMR による分析を進める過程で，HGS 分子構造模型を引っ張ってきては分子構
造を確認しながら構造解析に利用した．また，机の上に自分の研究対象である
金属錯体の分子構造を飾って眺めては研究へのモチベーションをあげていた．
幼き頃より，ブロック遊びが好きであったし，いまでもマインクラフトという
仮想空間で創造力を養っている．
　今後入手が困難になる可能性があった HGS 分子構造模型に代わり，別企業さ
んの分子模型を検討した過去がある．購入してわかったことは，海外の分子模
型は大きい．分子模型が大きいメリットは，不器用な学生さんでも分子模型の
組み立てが容易となる．何よりも，後ろの席の学生さんを意識して講義解説す
るには適当なサイズ感ともいえる．HGS 分子構造模型は小さく，教卓において

解説するには小さく，また慣れないうちは結合ボンドが硬く，組み立ては容易にできても片づけに手こずるときがある．結合ボンドを取り外すためのゴムがあるのに気がついたときには感動したものである．

さて，HGS 分子構造模型に同封されている "p 軌道板" をご存じだろうか．ほかの分子模型に比べて HGS 分子構造模型を推したい理由は，この p 軌道板の存在にある．この p 軌道板があることで共鳴構造や反応性なども議論できる．立体化学や反応性はこの p 軌道板を使うか使わないかで分子の構造理解が大きく違ってくると実践から感じている．ぜひとも，p 軌道板を使いこなしてほしい．

# 演習問題

**Q 1** 同じ $C_4H_{10}O$ の組成式をもつが，1-ブタノール（$CH_3CH_2CH_2CH_2OH$）と 2-ブタノール（$CH_3CH(OH)CH_2CH_3$）のような異性体を何というか．次の選択肢から選びなさい．（解説は p. 92）
1. 立体異性体　2. 幾何異性体　3. 光学異性体

**Q 2** 立体異性体を次の選択肢から選びなさい．（解説は p. 92）
1. イソプロピルアルコールとブチルアルコール　2. シクロヘキサンとシクロペンタン　3. エタンとエテン　4. メタンとプロパン

**Q 3** シクロヘキサンの水素について，シクロヘキサン環の上下を向く水素はどれか．次の選択肢から選びなさい．（解説は p. 95）
1. エクアトリアル　2. アキシアル　3. アキラル　4. キラル

**Q 4** 1,2-ジメチルシクロヘキサンの舟形構造を例として，シス体となるのは二つのメチル基が互いにどのような場合か．もっとも適切な選択肢を選びなさい．（解説は p. 96）
1. 両方ともアキシアル配向　2. 両方ともエクアトリアル配向　3. アキシアル配向とエクアトリアル配向

**Q 5** $[PtCl_4]^{2-}$ に 2 個の $NH_3$ が配位子置換反応を起こすさいに，トランス効果を考慮すれば，どちらの構造が生成しやすいか．正しいほうを選びなさい．（解説は p. 98）

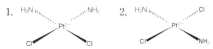

**Q 6** アミノ酸の "アラニン" の構造を示した．S 体はどれか．次の選択肢から選びなさい．（解説は p. 103）

**Q 7** 次の分子の立体化学を次の選択肢から選びなさい．（解説は p. 106）

1. *R*　2. *S*　3. *E*　4. *Z*

**Q 8** 四面体4配位構造をとる分子において，四つの異なる置換基により不斉中心が存在する．鏡像異性体は何個できるか．次の選択肢から選びなさい．（解説は p. 108）

1. 1　2. 2　3. 15　4. 30

**Q 9** 不斉中心を2個以上もつ化合物において分子内に対称面をもつためにエナンチオマーとならない異性体を何というか．次の選択肢から選びなさい．（解説は p. 109）

1. 鏡像異性体　2. ジアステレオマー　3. メソ化合物

**Q 10** 正八面体6配位構造をとる分子において，六つの異なる置換基が配位した場合，鏡像異性体は何組できるか．次の選択肢から選びなさい．（解説は p. 110）

1. 1　2. 2　3. 15　4. 30

**Q 11** 立体化学を考慮するさいに，"時計回り"でないものはどれか．次の選択肢から選びなさい．（解説は p. 112）

1. *R*体　2. *d*体　3. *Λ*体　4. *C*体

**Q 12** 次の分子構造の立体化学を次の選択肢から選びなさい．
（解説は p. 112）

1. *cis*　2. *trans*　3. *C*　4. *Λ*　5. *fac*　6. *mer*

**Q 13** 一つの結晶が*S*体と*R*体の両エナンチオマーの対（1：1）から構成されている結晶を何というか．次の選択肢から選びなさい．（解説は p. 113）

1. ラセミ混合物　2. ラセミ固溶体　3. ラセミ化合物

**Q 14** パスツールが酒石酸ナトリウムをルーペと針で光学分割した方法は，次の光学分割法のどれに近いか．次の選択肢から選びなさい．（解説は p. 114）

1. HPLC法　2. ジアステレオマー塩法　3. 自然分晶　4. 速度論法

**Q 15** ゴーシュ効果によりアンチ配座よりもゴーシュ配座のほうが安定である分子を次の選択肢から選びなさい．（解説は p. 121）

1. 1,2-ジフルオロエタン　2. 1,2-ジクロロエタン　3. 1,2-ジブロモエタン
4. 1,2-ジヨードエタン

**Q 16** 1-クロロブタンの ① アンチ配座，② ゴーシュ配座，③ 重なり形配座の構造安定性が高い順に並べたものを次の選択肢から選びなさい．（解説は p. 121）

1. ①＞②＞③　2. ②＞③＞①　3. ③＞②＞①　4. ①＞③＞②　5. ②＞①＞③　6. ③＞①＞②

**Q 17** ニューマン投影図において二面角が120°になるものは何というか．次の選択肢から選びなさい．（解説は p. 121）

1. アンチペリプラナー　2. シンクリナル　3. アンチクリナル　4. シンペリプラナー

Q 18　(2S)-2-クロロブタンが E2 反応により 2-ブテンとなる場合，優先的に合成されるのはどちらか．正しいほうを選びなさい．（解説は p. 122）
1. シス-2-ブテン　2. トランス-2-ブテン

Q 19　(2S,3S)-2-ブロモ-3-メチルペンタンをニューマン投影図と破線-くさび形構造で示した．E2 反応が進行する場合，優先的に生成される物質の立体化学を次の選択肢から選びなさい．（解説は p. 123）
1. シス体　2. トランス体　3. Z 体　4. E 体

Q 20　アミノ酸や糖の立体化学に D/L 表示がある．アミノ酸は L 形を主成分として構成されているが，糖はどちらを主成分としているか．正しいほうを選びなさい．（解説は p. 125）
1. L 形　2. D 形

Q 21　糖類の環状構造において，β 形より α 形に平衡が偏る傾向がある．この理由を説明する効果名を次の選択肢から選びなさい．（解説は p. 129）
1. 1,3-ジアルキル相互作用　2. アノマー効果　3. トランス効果　4. ハース効果

Q 22　次のグルコースの立体表記について組合せが正しいものを次の選択肢から選びなさい．（解説は p. 129）
1. α と D　2. α と L　3. β と D　4. β と L

解答　Q1:1, Q2:1, Q3:2, Q4:3, Q5:1, Q6:2, Q7:1, Q8:2, Q9:3, Q10:3, Q11:3, Q12:3, Q13:3, Q14:3, Q15:1, Q16:1, Q17:3, Q18:2, Q19:4, Q20:2, Q21:2, Q22:3

第 **5** 章

# 熱化学の基礎：エンタルピー，エントロピー，ギブズエネルギーの役割

　2023 年に行われた学習指導要領の改訂では，高校理科 "化学反応と熱・光" において，熱化学方程式が廃止され，新課程では **"化学エネルギーの差については，エンタルピー変化で表す．吸熱反応が自発的に進む要因に定性的に触れるさいには，エントロピーが増大する方向に反応が進行することに触れる"** と明記された．2025 年度以降の高校 2 年生は化学で "エンタルピーとエントロピー" を学ぶ．本章では "化学反応の自発性" をゴールに熱化学のエンタルピーやエントロピーそしてギブズエネルギーについてその意味を具体例をとおして学ぶ．熱化学を深く学んでいる学生は本書や YouTube 動画とあわせて，ほかの専門書を読んでほしい．

　熱化学方程式は "日本の高校" でのみ教えていた内容であり，日本の大学や諸外国の高等学校・大学では "エンタルピーとエントロピー" で授業を行う．このため日本の初年次の大学生には "熱化学方程式の問題点" を指摘してから "エンタルピーとエントロピー" を教える必要があった．

　下記に，水の生成反応を熱化学方程式とエンタルピーで表記した．

**熱化学方程式**

$$H_2(気) + 1/2\,O_2(気) = H_2O(液) + 286\,kJ$$
$$H_2O(液) = H_2O(気) - 44\,kJ$$

**エンタルピー**

$$H_2(気) + 1/2\,O_2(気) \longrightarrow H_2O(液) \quad \Delta H = -286\,kJ$$
$$H_2O(液) \longrightarrow H_2O(気) \quad \Delta H = 44\,kJ$$

熱化学方程式は，計算はしやすかったが，"① 反応の進む方向がわかりにくいこと．② エネルギーの符号が逆であること．"の 2 点が大きな問題である．なお，水の生成（$H_2 + 1/2\ O_2 \rightarrow H_2O$）をエネルギー図で示したが，熱化学方程式でもエンタルピーでも図に大きな変化はない（図 5.1）．符号が逆転する点については，注意が必要である．

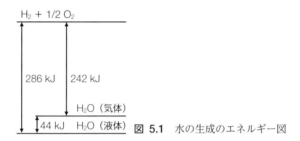

図 5.1　水の生成のエネルギー図

各単元に入る前に，"エンタルピーとエントロピー"について述べる．音が似た単語であるし，同一の式に含まれる関数であるし，エントロピーがイメージしにくいことからも学生の多くを悩ませる単語である．まずは，この二つの語源について説明しよう．

"エンタルピー（enthalpy：$H$）"の語源はギリシャ語で"温まる（*enthalpein*）"という意味であり，一定圧力下における"熱量"を表すのに用いられる．"エントロピー（entropy：$S$）"の語源もギリシャ語の"中（*en*）"と"変化（*tropie*）"の合成語であり，"状態変化"という意味である．

## 5.1　熱というエネルギー

▲ **本節を読んでわかること** ▲
・熱と仕事はエネルギーであるが別物であることを理解する．

現在，熱はエネルギーであることは当たり前であるが，昔は"熱素"という元素の一つと考えられていた．その後，熱が仕事に変換され，仕事が熱に変換されるなどの身近な実験事実を通して，熱（$Q$）と仕事（$W$）は本質的に同じエネルギーであるとわかった．熱も仕事と同じエネルギーであることを理解するためには，仕事と熱が相互に等価で変換可能な実験をすればよい．図 5.2 に，ジェームズ・プレスコット・ジュール（James Prescott Joule）が使った熱の仕事等量を決

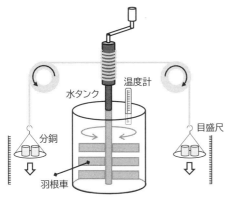

図 5.2 ジュールの実験

定した実験装置を示す．

分銅が下がることで容器内の水車が回転して溶液の温度が上昇する．分銅の質量と下がった距離から仕事量が算出でき，水の温度上昇から水が受け取った熱量を求めることができる．この実験から仕事を熱に等価に変換可能であることから，熱がエネルギーであることがわかった．一方，実験を進めることで熱を仕事に 100 % 変換することは不可能であり，条件によって効率が変わることもわかった．つまり，熱はエネルギーの一種であるが，仕事のエネルギーとは別物なのである．

## 5.2 内部エネルギー変化 ▶

◀ 本節を読んでできるようになること ▶
・内部エネルギーと熱と仕事の関係を理解する．
・気体の膨張による仕事を理解する．

熱の正体がエネルギーであることがわかればエネルギー保存則に熱の項が含まれるように解釈できる．これが熱力学第一法則（エネルギー保存則）である．変化させるエネルギーの全量は一定であり，系とその周囲との間でエネルギーのやり取りに変化が生じる場合でもエネルギーの総量に変化はない．熱力学第一法則の式は図 5.3 のように表すことができる．

内部エネルギー変化は，熱と仕事の両方で扱う．熱と仕事を同時に扱いやすい系で考えると，熱により膨張する気体が仕事をする蒸気機関のような場合を考え

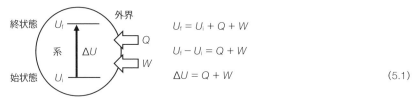

$$U_f = U_i + Q + W$$
$$U_f - U_i = Q + W$$
$$\Delta U = Q + W \tag{5.1}$$

**図 5.3** 内部エネルギー変化（$\Delta U$）と熱（$Q$）と仕事（$W$）

れば，熱と仕事を同時に扱いやすくなる．

なお，ここに"**系**"と"**外界**"と書いているが，この二つがとても**重要**である．具体例を含めて解説を始めるが，基本的には系"だけ"がどうなるかに注目しており，系によって外界がどうなるかについては考えていない．外界への影響については5.4.2項から関係してくる．それまでは，たとえば，$H_2O$ を系とした場合，$H_2O$ が氷から水へ変化する系のみに注目して考察していると必ず頭の片隅においてほしい．

### 5.2.1 気体の膨張仕事

気体の膨張仕事は，気体が体積を変化させるさいに外部に対して行う仕事のことで，気体が圧力をかけられて体積が変化するときに，外部の物体を移動させるなどの仕事を意味する．図5.4に一定圧力下での気体による膨張仕事を示した．

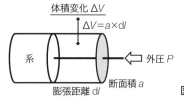

**図 5.4** 気体による膨張仕事

気体は圧縮されることでエネルギーが蓄積され，膨張することでエネルギーが放出される．つまり，系のもつ内部エネルギーのうち膨張することで外側にエネルギーが放出されることを考慮するとマイナスの符号がつく．気体が外圧と等しい圧力 $P$ で微小膨張（$\Delta V$）することにより行われる仕事（$W$）は以下の式で表される．

$$W = -P\Delta V \tag{5.2}$$

系に対して何かが入る場合はプラスの符号がついて,何かが出ていく場合はマイナスの符号がつく.符号は値の大小を意味しているのではなく,エネルギーの方向性を意味している.

## 5.3 エンタルピーという熱：定圧下での熱

◀ 本節を読んでできるようになること ▶
・エンタルピーが何かを理解する.
・エンタルピー変化による発熱反応と吸熱反応を理解する.

次に,定圧下で熱($Q_p$；下付きの p は定圧下を示す)を加えて物質の温度を上昇させ,物質を膨張させ仕事をすることを考える.熱は物質の内部エネルギーにすべて使われることはなく,物質の膨張による外界への仕事にもエネルギーが使われる.熱力学第一法則を表す式(5.1)に,先の定圧下における仕事の式(5.2)を代入すると以下の式を導くことができる.

$$\Delta U = Q_p + W = Q_p - P\Delta V$$

熱について整理すると,

$$Q_p = \Delta U + p\Delta V$$

となる.加えた熱は,内部エネルギーの増加だけではなく外界への仕事(定圧下での膨張仕事)にも使われることを示した式である.

この定圧下での熱を"エンタルピー"とよび,エンタルピーの変化は,

$$\Delta H = \Delta U + p\Delta V \tag{5.3}$$

と表せる(経路関数である熱($Q_p$)をエンタルピー変化($\Delta H$)とする意味については YouTube 動画参照).

つまり,"エンタルピー $H$"とは"熱量 $Q_p$"のことであり,厳密には"定圧下における系に出入りする熱量の変化"を"エンタルピー変化($\Delta H$)"とよぶ.こ

のエンタルピー変化は，"生成熱 = 生成エンタルピー"，"溶解熱 = 溶解エンタルピー"などの"○○熱"が"○○エンタルピー"に置き換わっていることからもわかるように"熱（量）"を表す．

### 5.3.1 発熱反応と吸熱反応 ▶

エンタルピーが熱と同じ意味とわかったので，冒頭で述べたように物質が化学反応を起こしたさいの化学エネルギーの差を発熱反応と吸熱反応としてエンタルピー変化の視点からみていこう．図 5.5 には代表的な発熱反応（メタンの燃焼）と吸熱反応（ベンゼンの生成反応と硝酸アンモニウムの水への溶解反応）を示した．メタンや炭素および硝酸アンモニウムの反応を系として，系のみで考えていることに注意してほしい．

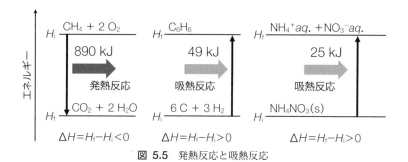

図 5.5 発熱反応と吸熱反応

メタンは酸素と結合して燃焼することで，熱エネルギーを放出して，物質としてのエネルギーが減少した二酸化炭素と水に変化する．縦軸を熱エネルギー（エンタルピー）とすると，反応前後のエンタルピー変化を $\Delta H$ として，反応後のエンタルピー（$H_f$）から反応前のエンタルピー（$H_i$）を引くことで，エンタルピー変化を求めることができる．

$$\Delta H = H_f - H_i \tag{5.4}$$

発熱反応はエネルギーが減少する方向の反応であることから，$\Delta H$ は負となる．炭素と水素からベンゼンを生成する反応は吸熱反応である．熱エネルギーを加えることでベンゼンが生成する．吸熱反応はエネルギーが上昇する方向の反応であり，$\Delta H$ は正となる．ここまでをみると，エネルギーが減少する反応である

発熱反応は自発的であり，エネルギーが上昇する吸熱反応は自発的でない（非自発）とみえてくる．しかし，硝酸アンモニウムの水への溶解による吸熱反応である瞬間冷却材は，袋に入った試薬と水が混ざることで反応が開始して冷却される．反応前後のエンタルピー変化は吸熱反応であることから正の値をとるが，ご存じの通り瞬間冷却材は自発的に冷たくなる．さらには，常温常圧下において**"氷は水に自発的に変化"**するが，**この溶解反応も吸熱反応**である．

$$H_2O(固体 s；氷) \longrightarrow H_2O(液体\ aq.；水) \quad \Delta H = 6\ kJ$$

つまり，**エンタルピー変化の正負では，"反応の自発性"を議論できないこと**がわかる．この"反応が自発的に進む方向"については，エントロピーという駆動力が深く関係してくる．

## 5.4 反応の自発と非自発

◀ **本節を読んでできるようになること** ▶
・自発と非自発について具体例を通して理解する．

まずは，自発と非自発について考えてみよう．山の湧き水は川を下り海に出るように，下に向かって自発的に流れる．一方，海に出た水は，太陽光や潮流などのエネルギーにより水蒸気を介して雨になることで山に戻る．あるいは，人力やポンプなどの外的な力が必要で，外的な力の継続的な投入がなければ非自発的な過程は達成できない．つまり，ある条件下において自発的に起こる現象の逆の現象は非自発的といえる．たとえば，赤道直下の大気圧下において，氷は自発的に水になるが，水は自発的に氷になることはあり得ない．

また，反応の自発性と反応速度に相関はない．自発的に崩壊していく放射性物質も一瞬で崩壊する物質もあれば，数万年をかけてゆっくりと崩壊していく物質もある．放射性物質以外で興味を引く例といえば，ダイヤモンドと黒鉛で，永遠の輝きであるダイヤモンドは黒鉛へと自発的に変化している．しかし，私たちの生きる時間スケールではダイヤモンドが自発的に黒鉛へと変化するようすを観察することはできない．これらの反応速度についてはYouTube動画を参照してほしい．

## 5.4.1 物質とエネルギーの自発的な分散

物質とエネルギーが自然に進む例として，閉じた活栓で接続された二つの容器からなる孤立した系について考える（図5.6(a)）．容器は断熱壁に囲まれており，活栓を開ける前は，片方に理想気体が充填され，もう片方は真空（$P = 0$）である．活栓を開くと，気体は自然と膨張して両方のフラスコを等しく満たす．それぞれの容器には圧力差があるので，開封後の両フラスコは一定圧力となる．これはもとの状態には戻せない不可逆過程といえる．断熱壁に囲まれているとして熱のやり取りが起きないので熱（$Q = 0$）もゼロである．また，気体は真空（$P = 0$）に対して膨張するので，仕事（$W = -P\Delta V$）もゼロである．結果として，内部エネルギーの変化（$\Delta U = Q + W = 0 + 0 = 0$）がないことが導かれる．つまり，この気体の自発的な分散は，エネルギー変化の結果ではないことがわかる．物質（気体）は膨張できるさいには，より大きくより均一な状態になる駆動力（エントロピー）があることがわかる．

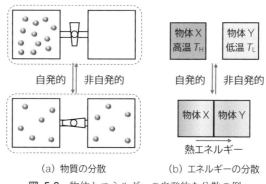

(a) 物質の分散　　(b) エネルギーの分散
図 5.6　物体とエネルギーの自発的な分散の例

続いて，エネルギーの自発的な分散を考えるため温度の異なる二つの金属を接触させるときを考える（図5.6(b)）．高温の物体Xの温度を$T_H$，低温の物体Yの温度を$T_L$とする．この二つの物体が接触すると，高温の物体から低温の物体へと熱エネルギーが自発的に流れる．物体Xは熱エネルギーを失い，物体Yは物体Xが失った分のエネルギーを獲得するので，これらの物体からすると熱エネルギーの増減はなく，利用可能な熱エネルギーの分配が起こっていることがわ

かる．この自発的な変化によりエネルギーはより均一になる．また，熱は必ず高温側から低温側へと移動し，逆方向に移動することもなく，温度差はもとに戻らないので不可逆過程といえる．高温側の物体 X は低温側へ熱エネルギーを流すことで安定化するという見方ができるため，エネルギーで説明可能に思えるが，低温側の物体 Y は熱を受け取っており不安定化しているとも考えられるので，エネルギーの高低差で自然に流れる方向を説明できない．いずれの例にしても，**自発的に物質やエネルギーは均一な分布を示すことがわかる**．これらの膨張や熱交換には駆動力である"エントロピーの増大"が関係している．エントロピーが増大する例として，混合や融解・蒸発，そして温度がある．エントロピーが増加する方向に物事は自発的に進む．また，日常生活においても自然とエントロピー（乱雑さ）が増加する例はたくさんある．たとえば，整理整頓していてもなぜか部屋は散らかり始め，講義中は整列していても休み時間になると自由に動き回る．個人や集団の社会において，エントロピーが増加する変化は自発的に起こることがわかる．

なお，この自発性については古典熱力学では解説が難しく，ルートヴィッヒ・ボルツマン（Ludwig Bolzmann）が開拓した統計熱力学により明快に解説され，その重要性が確立した．興味のある読者はぜひとも Youtube 動画でボルツマンの統計熱力学を視聴してほしい．

## 5.5 エントロピー ▶

◀ **本節を読んでできるようになること** ▶
・エントロピーの式を理解する．

### 5.5.1 エントロピーとは

1824 年，ニコラ・レオナール・サディ・カルノー（Nicolos Léonard Sadi Carnot）は 28 歳のときに"火の動力"で蒸気熱機関の効率化に関する書籍を出版した．36 歳の若さでこの世を去るが，生前は正当な評価を受けることはなかった．その後，熱化学を講義などで学ぶうえで何度もその名を聞くことになるブノワ・ポール・エミール・クラペイロン（Benoit Paul Émile Clapeyron）やウィリアム・トムソン（Willian Thomson）らの論文にカルノーの理論が取り上げら

れ，ルドルフ・ユリウス・エマヌエル・クラジウス（Rudolf Julius Emmanuel Clausius）らにより，ある系に出入りする自発的な熱量（$Q$）とその自発的な過程での温度とを関連づける新たな熱力学的状態量が発見された．それはエントロピー変化（$\Delta S$）と名づけられた（熱力学第二法則（エントロピー増大則））．

$$\Delta S = \frac{Q_{\text{rev}}}{T} \quad (Q_{\text{rev}}：可逆過程における熱量) \tag{5.5}$$

前述の通り，物質もエネルギーも自発的に分散し，その駆動力はエントロピーであると述べた．物質の三態を通してエントロピー変化（$\Delta S$）の符号について考えてみる（図5.7）．固体では，原子や分子は互いに固定された位置にあり，わずかにしか振動できない．液相では，原子や分子は互いに近接した状態ではあるが，自由に分散することができる．このように運動の自由度が高いとエントロピー変化も大きいことを意味しており，結果として $\Delta S$（液体）＞ $\Delta S$（固体）となり，固体から液体になる過程（融解）は，エントロピーが増加（$\Delta S > 0$）することを示す．逆の過程である凝固はエントロピーの減少（$\Delta S < 0$）を示す．また，液相と気相においても，さらに原子や分子の自由度が大きくなるため，蒸発（や昇華）の過程ではエントロピーが増加（$\Delta S > 0$）し，凝縮（や凝華）で

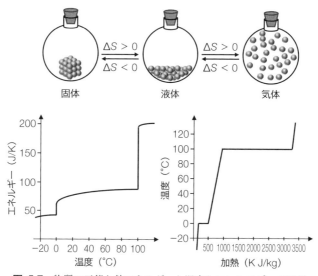

図 5.7 物質の三態と熱エネルギーと温度とエントロピーの関係

はエントロピーは減少（$\Delta S < 0$）する．物質の運動はその粒子の平均運動エネルギーに比例し，物質温度を上げることで固体の振動は大きくなり，液体や気体の移動は速くなる．つまり，低い温度に比べて高い温度では物質の分散はより高い状態であり，物質のエントロピーは温度上昇とともに増加する．

　さて，自然は乱雑になろうとする傾向があり，一度乱雑になるともとの整った状態に自然になることはなく，この"乱雑さ"を表す指標としてエントロピーの説明がなされる．筆者も学生時代にこのように学び，現在でも多くの参考資料に"乱雑さ＝エントロピー"という記載が見受けられる．ただ，学生時代より"乱雑さ"のイメージがわかりづらく，正確には"エントロピーが増大＝乱雑さが増す"とは自発的に進む方向を示す表現であり，エントロピー自体の意味を捉えていないように感じていた．前述の通り，エントロピーはギリシャ語で"状態変化"を意味している．ここでもう少しエントロピーについてイメージをつけておこう．

　相変化（固体→液体→気体）を起こすさいにはエントロピーの急激な変化が生じ（図5.7左下），熱エネルギー加えても温度は一定を示す（図5.7右下）．この現象について，具体的な例を通してエントロピーを考えてみよう．氷（固体）に熱を加えて水（液体）に相変化させたとき，氷も水も温度は0℃のままの状態がある．固体と液体とで状態は違うが同じ水分子で温度が0℃のままであれば，加えた熱エネルギーは温度上昇に使われていない．何に使われたかといえば，物質の"状態変化"に使われたと考えることができる（図5.8）．これがエントロピーである．氷よりも"乱雑さが大きい"水に状態変化するために熱エネルギーが消費されエントロピーが増加したと考えられる．逆の見方をすれば，私たちが利用でき得る熱エネルギーが物質の状態変化に使われるということは，その物質の状態変化に使われたエネルギーは取り出すことができないということも意味している．

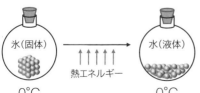

図 5.8　加えた熱エネルギーはどこへ

さて，最後まで読んだ後に改めてイメージしてほしいことは，"**エントロピーが自発的に増加するのは系と外界を合わせた全体のエントロピー**"ということである．

## 5.6 可逆過程と不可逆過程

可逆過程と不可逆過程を述べるさいには，系と外界のエネルギーのやり取りを考慮している．"可逆過程"とは"何の痕跡も残さずにもとの状態に戻れるような過程"であり，エントロピーをやり取りしているだけで，エントロピーの総和に変化はない．一方で，可逆過程の対比語となる"不可逆過程"とは，"もとに戻したときに，何らかの痕跡が残る過程"といえる．

クラジウスらが導いたエントロピーの式(5.5) には"可逆過程の熱量 $\Delta Q_{\mathrm{rev}}$" があるが，この熱量の背景には"系と外界を行き来する熱エネルギー"という意味をもっている．

## 5.7 自発性を判断する関数：ギブズエネルギー

◀ **本節を読んでできるようになること** ▶
・エンタルピーとエントロピーの関係を学びギブズエネルギーを理解する．
・自発性と温度の関係を理解する．
・系と外界の重要性がわかる．

### 5.7.1 ギブズエネルギー

エネルギーが減少する方向が自発的に生じると考えやすいが，熱エネルギーが増加する吸熱反応も自発的に進む例が多くあり，自発か否かを判断するには，もう一つの要因であるエントロピーが増加する方向に自発的に進むことを考慮する必要があることがわかった．つまり，自発変化を判断するには，エネルギーの高低差（エンタルピー変化）に加えて，乱雑さ（エントロピー変化）の増加も関係してくる．ある系におけるエンタルピーとエントロピーの二つの要因を考慮した式が以下のギブズエネルギー変化（$\Delta G_{系}$）である．導出は 5.7.2 項を参照してほしい．なお，系のみを考えている．

$$\Delta G_{系} = \Delta H_{系} - T\Delta S_{系} \tag{5.6}$$

（以後，$\Delta G = \Delta H - T\Delta S$ と記載）

この式の"意味"を理解する前に，具体的な例を通して式の使い方を考えてみる．冒頭で述べたように，**本章のゴールは"化学反応の自発性"を理解できることにある**．この式の特徴を述べると，① 発熱反応（$\Delta H < 0$）は自発のようにみえる，② エントロピー（乱雑さ）の増加（$\Delta S > 0$）は自発，③ エントロピーは温度によって変化する（図5.7），④ $\Delta H$ と $\Delta S$ の符号が逆である．結論から述べると，図5.9に示すように，$\Delta G$ の正負によって自発か否かが判断できる．

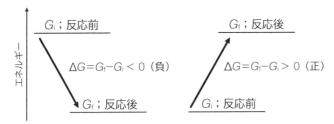

**図 5.9** $\Delta G$ による自発か否かの判断（$\Delta G < 0$ 自発，$\Delta G > 0$ 非自発）

エンタルピー変化とは異なりギブズエネルギーが減少する $\Delta G < 0$ は自発的であり，ギブズエネルギーが増加する $\Delta G > 0$ は非自発的である．このギブズエネルギー変化の正負を決めているのはエンタルピー変化とエントロピー変化のバランスである．先に述べたように，常温・常圧で吸熱反応である氷から水への変化は自発的に変化することを私たちは日常的に知っている．では，吸熱反応にもかかわらず，なぜ氷は自発的に水へと変化するかというと，水に変化することによるエントロピー変化が大きいために，ギブズエネルギーとしては負となるからである（図5.10）．つまり，氷と水のエネルギーの位置関係は自発的に反応が進む位置関係（$\Delta G = G_f - G_i < 0$）になっていることがわかる．

では，氷が自発的に水にならないようにするには，どうすればよいだろうか．この方法についても，私たちは日常的に知っているし利用している．答えとしては，"温度を下げれば"氷が水へと自発的に変化するのを止めることができる（冷凍庫に入れればよい）．エントロピー変化（$\Delta S$）に掛かっている温度の項によって，ギブズエネルギーの位置関係を変更することができる（図5.11）．つまり，

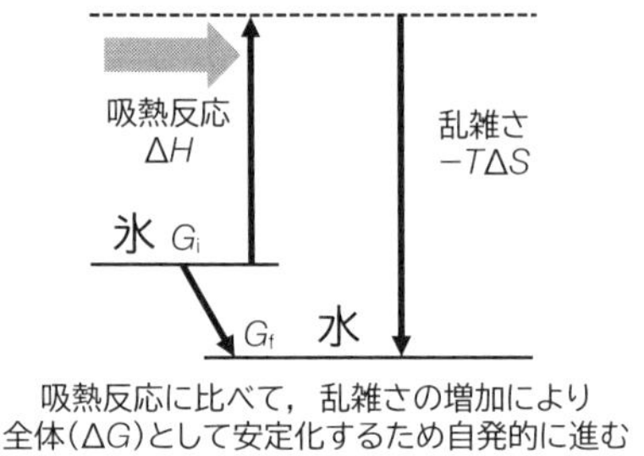

## 第 5 章 熱化学の基礎：エンタルピー，エントロピー，ギブズエネルギーの役割

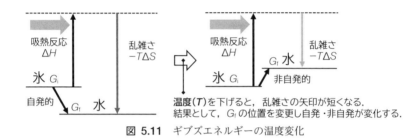

図 5.10 氷から水へのギブズエネルギー変化

図 5.11 ギブズエネルギーの温度変化

温度によって"$-T\Delta S$"の矢印の長さが変わるのである．

また，水から氷への反応（発熱反応）についても考えてみよう．日常生活において，コップの中の水が勝手に氷になることはない．これは，水から氷への反応が乱雑さの減少する方向でもある．ただし，発熱反応であることからも温度を下げることによりエントロピー変化を抑えることができれば自発的に水は氷へと変化するはずである．この反応は，まさに"雲（あるいは雪）"である．水蒸気（気体）が上空の冷たい環境にあることで，水あるいは氷へと自発的に変化するため，雲あるいは雪になると考えることができる．ここでは $H_2O$ を系として系の相変化のみを考えている．このように，エンタルピー変化とエントロピー変化および温度によって，反応が自発的に進むかどうかを判断することができる．これをまとめると表 5.1 のようになる．

なお，この表を暗記するのではなく，読者にはぜひとも図 5.10，図 5.11 のような絵を描き理解してもらいたい．なお，YouTube 動画では絵を用いて解説しているので答え合わせに利用してもらいたい．

表 5.1 ギブズエネルギー変化の自発性

| $\Delta H$ (kJ) | $\Delta S$ (J/K) | 温度 (K) | 自発変化 |
|---|---|---|---|
| $\Delta H < 0$ (発熱反応) | $\Delta S > 0$ (乱雑さ増加) | すべて | $\Delta G < 0$ 自発変化 |
| $\Delta H > 0$ (吸熱反応) | $\Delta S < 0$ (乱雑さ減少) | すべて | $\Delta G > 0$ 非自発変化 |
| $\Delta H < 0$ (発熱反応) | $\Delta S < 0$ (乱雑さ減少) | 低温<br>高温 | $\Delta G < 0$ 自発変化<br>$\Delta G > 0$ 非自発変化 |
| $\Delta H > 0$ (吸熱反応) | $\Delta S > 0$ (乱雑さ増加) | 低温<br>高温 | $\Delta G > 0$ 非自発変化<br>$\Delta G < 0$ 自発変化 |

### 5.7.2 ギブズエネルギーの導出

本節で関連する内容は大学の定期試験や大学院入試試験で取り扱われることが多い．YouTube 動画も用意し，後半に例題も用意したので挑戦してもらいたい．ここでは，前述の通り，"系と外界"の関係が主役といえる．また，表 5.1 にある"エントロピーが減少する"についても触れていくので，より理解が深まるはずである．

前述の通り，これまでは**"系だけ"について注目**しており，その外界への影響と系と外界を合わせた全体的なエントロピー変化について考えを広げる必要がある．系とその外界よりなる**全体（宇宙）を孤立系**と考えると以下のことが成り立つ（図 5.12）．なお，宇宙を孤立系と表現するのは，宇宙の外側には何もないので，宇宙からは物質もエネルギーも何も出し入れできないことを意味している．

$$\Delta S_{宇宙} = \Delta S_{系} + \Delta S_{外界} \tag{5.7}$$

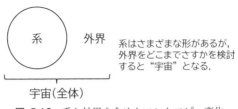

図 5.12 系と外界を含めたエントロピー変化

この系と外界の関係を説明するために，可逆的な熱の動きを考えてみる．**可逆的とは，"とくに何の変化も残さずにもとに戻る"という意味である．**式(5.7)

**154** 第5章 熱化学の基礎：エンタルピー，エントロピー，ギブズエネルギーの役割

にクラジウスらにより導かれたエントロピーの式(5.5) を代入すると

$$\Delta S_{宇宙} = \frac{\Delta Q_{系rev}}{T} + \frac{\Delta Q_{外界rev}}{T} \tag{5.8}$$

が導かれる.

　系と外界の温度が異なる場合，温度が高いほうから低いほうへ自発的に流れることはこれまでに何度もみてきた．改めて，系と外界のエントロピー変化は孤立系ではないのでエネルギーのやり取りは可能である．では，系の温度 $T_H$ が外界の温度 $T_L$ よりも高いとする．また，高い温度から低い温度へ自発的に変化するさいの熱の流入は，系が発熱（$-\Delta Q$）した結果，温度の低い外界の温度が上昇する．外界からすると系からの熱（$\Delta Q_系$）を吸熱したとも考えられるので，$\Delta Q_{外界} = +\Delta Q_系$とも考えることができる．これらを考慮した式は，

$$\Delta S_{宇宙} = \frac{-\Delta Q_{系rev}}{T_H} + \frac{+\Delta Q_{外界rev}}{T_L}$$

が導かれる．温度は，$T_H > T_L$ なので，系のエントロピー変化（右辺第1項）は外界のエントロピー変化（右辺第2項）よりも小さく，符号を考慮すると $\Delta S_{宇宙}$ は正となり，エントロピーが増大しており自発的な変化とわかる.

　続いて，系の温度 $T_H$ と外界の温度 $T_L$ の条件は変えずに，低い温度から高い温度へと熱が流入するという非自発的な熱流入を考えてみる．低い温度である外界が発熱し，系が吸熱することになる．これを式で表すと

$$\Delta S_{宇宙} = \frac{\Delta Q_{系rev}}{T_H} + \frac{-\Delta Q_{外界rev}}{T_L}$$

が導かれる．これは $\Delta S_{宇宙}$ の符号が負であり，エントロピーが減少することからも非自発的であることがわかる．では，系と外界の温度が一定であれば，熱の流入が起きたとしても符号が異なるだけ（$\Delta Q_{系rev} = -\Delta Q_{外界rev}$）なので $\Delta S_{宇宙}$ はゼロの値となり，これは平衡状態であることを示している．これらの結果は，"高温から低温への熱の移動は不可逆で，その逆の変化を起こすためには外からエネルギーを与えなければならない"を意味する熱力学第二法則を説明している（表5.2).

## 5.7 自発性を判断する関数：ギブズエネルギー　　155

**表 5.2　熱力学第二法則**

| | |
|---|---|
| $\Delta S_{宇宙} > 0$ | 自発的 |
| $\Delta S_{宇宙} < 0$ | 非自発的 |
| $\Delta S_{宇宙} = 0$ | 平衡状態 |

　続いて，系と外界の温度が一定の不可逆変化の場合を考えてみる．**不可逆変化とは，"もとに戻ったときに，何らかの変化が残るので完全にはもとに戻れない変化"**であるから，系に出入りする熱量は，可逆過程の熱量 $\Delta Q_{系rev}$ とは異なる値になる．不可逆過程での熱を $\Delta Q_{系}$ とすると，外界では系から $-\Delta Q_{系}$ の熱のやり取りが生じる．系と外界の温度は一定であることから，この熱を可逆的にやり取りするので，$\Delta Q_{外界rev} = -\Delta Q_{系}$ とおける．式(5.8) は以下のように書ける．

$$\Delta S_{宇宙} = \frac{\Delta Q_{系rev}}{T} + \frac{-\Delta Q_{系}}{T}$$

$$\Delta S_{宇宙} = \Delta S_{系} + \frac{-\Delta Q_{系}}{T} \tag{5.9}$$

右辺は"系"だけの物理量にそろえることができた．また，一定圧力下という条件を追加することにより，$\Delta Q = \Delta H$ とおけるので式(5.9) は以下のように導ける．

$$\Delta S_{宇宙} = \Delta S_{系} + \frac{-\Delta H_{系}}{T}$$

両辺に $-T$ を掛けて右辺を並べ替えると

$$-T\Delta S_{宇宙} = \Delta H_{系} - T\Delta S_{系} \tag{5.10}$$

先のギブズエネルギーの式(5.6) と式(5.10) を照らし合わせることで以下の式が成立することがわかる．

$$\Delta G_{系} = -T\Delta S_{宇宙}$$

　等温定圧下という条件付きであるが，**孤立系の宇宙全体のエントロピー変化と系のギブズエネルギーが温度とともに結びついた式**を導くことができた．この式は，孤立系である全体のエントロピー変化 $\Delta S_{宇宙}$ に温度 $T$ という変数を考慮する

ことでエネルギーの出入りを考慮できる系（と外界）の自発性が判断できるギブズエネルギーを導くことができる．この式を考慮して表 5.2 を拡張すると表 5.3 となる．表 5.3 のギブズエネルギーの自発性についてはすでに図 5.9 で解説した通りである．

表 5.3 自発性とエントロピーとギブズエネルギーの符号について

| 孤立系 | 系と外界（閉鎖系） | 自発変化 |
|---|---|---|
| $\Delta S_{宇宙} > 0$ | $\Delta G_{系} < 0$ | 自発的 |
| $\Delta S_{宇宙} < 0$ | $\Delta G_{系} > 0$ | 非自発的 |
| $\Delta S_{宇宙} = 0$ | $\Delta G_{系} = 0$ | 平衡状態 |

表 5.3 について改めて考えてみる．

$$孤立系：\Delta S_{宇宙} = \Delta S_{系} + \Delta S_{外界}$$

$$系と外界（閉鎖系）：\Delta G_{系} = \Delta H_{系} - T\Delta S_{系}$$

物質やエネルギーの出入りがない孤立系であれば，その全体のエントロピー変化（$\Delta S_{宇宙}$）だけを考えるだけで自発変化か否かを判断できたが，エネルギーの出入りが可能な系（あるいは外界；閉鎖系）に注目して考えると，系のエントロピー変化に加えて系のエンタルピー変化を考慮に入れないと自発かどうか判断できない．前述のようにエンタルピー変化（$\Delta H$）とエントロピー変化（$T\Delta S$）のバランスによって，自発か否かが決定されるので"エントロピーが減少する系"でも自発的に変化することがある．なお，$\Delta H$ の項は，外界のエントロピー変化に由来することを忘れてはいけない．

ほかに，等温定圧過程のみについて解説を行ってきたが，定容（定積）過程や物質の出入りも考慮する開放系については本書では省略した．この範囲については，筆者の YouTube 動画で解説しているので，ぜひとも自分が"何に注目しているのか"を把握したうえで式の意味を考えてもらいたい．

## 5.8 エンタルピーとエントロピーと系と外界を理解する

◀ 本節を読んでできるようになること ▶

・問題を通して知識の定着をはかる．

## 5.8.1 エントロピーで自発性を確認

鉄が錆びているのをみたことがあるだろう．使い捨てカイロが温まるのは，鉄の酸化（4 Fe + 3 O$_2$ + 2 H$_2$O ⟶ 4 FeO(OH)）を利用している．反応式をみると反応前（左辺）は 9 個の分子があるが，反応後（右辺）は 4 個の分子になる．これは，エントロピー（乱雑さ）が減少している可能性を示す．この身近な反応とこれまでに学んだ知識を利用して問題を解説する．問題を解くうえで必要なデータを表 5.4 に示した．これらの数値は覚える必要はない．

表 5.4 標準エンタルピー変化と標準エントロピー変化

|  | Fe | O$_2$ | H$_2$O | FeO(OH) |
|---|---|---|---|---|
| $\Delta H$ (kJ/mol) | 0 | 0 | − 285.0 | − 547.4 |
| $\Delta S$ (J/mol) | 27.3 | 205.0 | 69.9 | 65.5 |

**問 1　系のエンタルピー変化（$\Delta H_\text{系}$）を求めなさい．**

使い捨てカイロが鉄の酸化反応と知っていれば，発熱反応であることはわかる．本反応の反応前と反応後のエンタルピー変化は，

$\Delta H_\text{系}$ ＝（反応後のエンタルピー変化）−（反応前のエンタルピー変化）

$= 4\Delta H(\text{FeO(OH)}) - (4\Delta H(\text{Fe}) + 3\Delta H(\text{O}_2) + 2\Delta H(\text{H}_2\text{O}))$

$= 4 \times (-547.4) - (4 \times 0 + 3 \times 0 + 2 \times (-285.0))$

$= -1619.6 \text{ kJ/mol}$　Ans

となる．算出された $\Delta H$ は負の値であり，発熱反応であることを確認できた．これを図示してみると，図 5.13 のようになる．"系"において鉄の酸化反応が起きて熱が発生する．

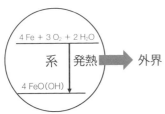

閉鎖系では，物質の出入りはなく，エネルギーの出入りが起きる　　図 5.13 鉄の酸化反応の "系と外界"

158 第5章 熱化学の基礎：エンタルピー，エントロピー，ギブズエネルギーの役割

## 問 2　外界のエンタルピー変化（$\Delta H_{外界}$）を求めなさい.

　系と外界の関係を復習しよう．鉄の酸化反応である系から熱が発生した．外界の視点からすると，系から発生した熱を吸収することになる．つまり，系と外界の関係から，

$$\Delta H_{外界} = -\Delta H_{系}$$
$$= -(-1619.6) = 1619.6 \,\text{kJ/mol} \quad \text{Ans}$$

となり，エンタルピー変化は正の値であることから，外界は系からの熱を"吸熱"したことを確認できた．

## 問 3　系のエントロピー変化（$\Delta S_{系}$）を求めなさい.

　系内のエントロピー変化を計算する．先にも述べたが，9 分子が 4 分子へと変化しているので，系内の乱雑さは減少していると予想できる．

$$\Delta S_{系} = S_{f}（反応後のエントロピー変化）- S_{i}（反応前のエントロピー変化）$$
$$= 4\Delta S(\text{FeO(OH)}) - (4\Delta S(\text{Fe}) + 3\Delta S(\text{O}_2) + 2\Delta S(\text{H}_2\text{O}))$$
$$= 4 \times (65.5) - (4 \times 27.3 + 3 \times 205.0 + 2 \times 69.9)$$
$$= -602 \,\text{J/mol} \quad \text{Ans}$$

となる．算出された値は予想通り"エントロピーが減少"していた．また，エントロピー変化とエンタルピー変化では単位の大きさが 1000 倍違う．以降も計算するうえで気をつけてほしい．

## 問 4　外界のエントロピー変化（$\Delta S_{外界}$）を求めなさい.

　系と外界において，やり取りしているのはエネルギーのみである．外界のエントロピー変化は，系から受け取った熱エネルギーによるエントロピー変化を算出すればよい．式(5.5) から，外界のエントロピー変化は次のように示すことができる．

$$\Delta S_{外界} = \frac{\Delta Q_{外界\text{rev}}}{T}$$

大気圧下・室温（25℃）において鉄は自然に錆びることからも，等温定圧過程での条件で式変形をしても問題ないので，$\Delta Q_{外界\text{rev}} = -\Delta Q_{系} = -\Delta H_{系}$（式(5.8)参照）と変形できるので，

$$\Delta S_{外界} = \frac{-\Delta H_{系}}{T}$$

$$= \frac{(-(-1619.6 \times 10^3))}{(273+25)}$$

$$= 5434.8 \text{ J/mol} \quad \text{Ans}$$

つまり，系のエントロピーは減少して，外界のエントロピーが増加していることがわかる．これは，9分子であった系が反応することで4分子となることから，9分子で空間を占有していたのが4分子で空間を占有することで，結果として外界の空間が広がるイメージであり，結果として外界のエントロピーは増加する（図5.14）．

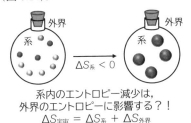

図 5.14 系と外界のエントロピー変化

### 問 5 全体のエントロピー変化（$\Delta S_{宇宙}$）を求めなさい．

系と外界のエントロピー変化をそれぞれ求めたので，式(5.7)により求めることができる．

$$\Delta S_{宇宙} = \Delta S_{系} + \Delta S_{外界}$$
$$= -602 + (5434.8)$$
$$= 4832.8 \text{ J/mol} \quad \text{Ans}$$

算出された全体のエントロピー変化は正の値である．表5.3からも，本反応は全体のエントロピーが増加することからも"自発的な反応"であることがわかる．

## 5.8.2 ギブズエネルギーの自発性を理解

最後に，"系と外界（閉鎖系）"および"全体（孤立系）"のどこで議論しているかを意識する必要がある．問題を通してわかったと思うが，物質変化を伴う反応は"系内"で起きており，系からの外界の影響は（熱）エネルギーのやり取りのみである．系内のエンタルピー変化やエントロピー変化は物質変化によるものであり，**外界のエンタルピー変化やエントロピー変化は系からのエネルギーによるものである**．ここを理解していないと，エントロピー増大則（$\Delta S_{宇宙} > 0$）を

160　第5章　熱化学の基礎：エンタルピー，エントロピー，ギブズエネルギーの役割

系や外界に適用して，計算結果がエントロピー減少（$\Delta S_\text{系} < 0$）になり，エントロピーは増大するものだと暗記している場合，計算結果に混乱することになる．また，クラジウスらにより導かれた式(5.5)は，"ある反応系に出入りする熱"に関する式であり，やり取りした熱をもとにして計算する（問題4）．たとえば，系（鉄）と外界（酸素）が反応するわけではない．どの立場で考察しているかをつねづね考えておく必要がある．

　最後に，以下の問題を解いておこう．

## 問6　系の自発性について考察しなさい．

　全体のエントロピー $\Delta S$ 宇宙は正の値となり，外界も考慮して自発的に進むことを確認した．では，系だけに注目して，使い捨てカイロの反応が自発的かどうかを確認しよう．

$$\Delta G_\text{系} = \Delta H_\text{系} - T\Delta S_\text{系}$$
$$= (-1619.6) - (273 + 25) \times (-602 \times 10^{-3})$$
$$= -1440.2 \text{ kJ/mol} \quad _\text{Ans}$$

算出されたギブズエネルギーは負の値であり，表5.3からも自発的であることがわかる．このように化学反応に伴う系のエントロピー変化が負であっても，孤立系ではなくエネルギーのやり取りができる閉鎖系であれば，系内のエントロピー変化を打ち消すだけの同等あるいはそれ以上の外界のエントロピー増加があることで，系と外界を合わせた宇宙全体の孤立系のエントロピーが増大するために，反応は自発的となる．この系内のエントロピーを打ち消すだけの外界のエントロピー変化（$\Delta S_\text{外界} = (-\Delta H_\text{系})/T$）は，系内のエンタルピー変化（$\Delta H_\text{系}$）に関係していることは，やはり忘れてはならない．

## 演習問題

**Q1**　エンタルピーで表した水の生成反応の記述方法について正しいほうを選びなさい．（解説は p.139）
1.　$H_2(気) + 1/2\ O_2(気) \longrightarrow H_2O(液)$　　　$\Delta H = -286 \text{ kJ}$
2.　$H_2(気) + 1/2\ O_2(気) = H_2O(液) + 286 \text{ kJ}$

**Q2**　エンタルピーの語源としてもっとも適切な選択肢を選びなさい．（解説は p.140）
1.　反応させる　　2.　乱雑さ　　3.　温まる　　4.　定圧下のエネルギー

**Q3**　エントロピーの語源としてもっとも適切な選択肢を選びなさい．（解説は p.140）
1.　反応する　　2.　状態変化　　3.　温まる　　4.　定圧下のエネルギー

**Q 4** 内部エネルギー変化（$\Delta U$）について，"熱を加えて，外に仕事をする"を表しているもっとも正しい式を選びなさい．（解説は p. 141）

    1. $\Delta U = Q + W$    2. $\Delta U = Q - W$    3. $\Delta U = -Q + W$    4. $\Delta U = -Q - W$

**Q 5** エンタルピーの説明としてもっとも適切な選択肢を選びなさい．（解説は p. 143）

    1. 等温下での熱    2. 断熱下での熱    3. 定圧下での熱    4. 定積下での熱

**Q 6** $\Delta H > 0$ を意味するもっとも適切な選択肢を選びなさい．（解説は p. 144）

    1. 自発反応    2. 非自発反応    3. 発熱反応    4. 吸熱反応

**Q 7** 氷が水へ変化する反応（$H_2O$（固体）$\longrightarrow H_2O$（液体） $\Delta H = 6\,kJ$）に関して，正しいほうを選びなさい．（解説は p. 145）

    1. 発熱反応    2. 吸熱反応

**Q 8** 熱力学第二法則に関して，もっとも適切な選択肢を選びなさい．（解説は p. 147）

    1. エネルギー保存則    2. エントロピー増大則    3. 0 K においてエントロピーも 0 となる．

**Q 9** $\Delta S > 0$ が意味するもっとも適切な選択肢を選びなさい．（解説は p. 148）

    1. 自発反応    2. 非自発反応    3. 発熱反応    4. 吸熱反応

**Q 10** $\Delta G > 0$ が意味するもっとも適切な選択肢を選びなさい．（解説は p. 151）

    1. 自発反応    2. 非自発反応    3. 発熱反応    4. 吸熱反応

**Q 11** 平衡移動（ルシャトリエの原理）の実験で $N_2O_4$（透明）$\longrightarrow 2\,NO_2$（赤褐色）の反応を学ぶ．これらの混合気体が入った試験管を，氷水につけて冷やすと色が薄くなることから $N_2O_4$ が増えていることがわかる．また，圧力を加えると色が濃くなるので，$NO_2$ が増えることがわかる．表には各物質の $\Delta H$ と $\Delta S$ を示した．この反応について以下の設問に答えなさい．

| 常温・常圧下 | $N_2O_4$ | $NO_2$ |
|---|---|---|
| $\Delta H$（kJ/mol） | 9.08 | 33.10 |
| $\Delta S$（J/mol） | 304.38 | 240.04 |

**Q 11-1** $N_2O_4 \longrightarrow 2\,NO_2$ は発熱反応か吸熱反応か正しいほうを選びなさい．（解説は p. 156）

    1. 発熱反応    2. 吸熱反応

**Q 11-2** $N_2O_4 \longrightarrow 2\,NO_2$ を系とし，外界のエンタルピー変化を求め，次の選択肢から選びなさい．（解説は p. 157）

    1. 57.1 kJ/mol    2. $-$ 57.1 kJ/mol    3. 175.7 J/mol    4. $-$ 175.7 J/mol

**Q 11-3** 系のエントロピー変化を求め，次の選択肢から選びなさい．（解説は p. 158）

    1. 57.1 kJ/mol    2. $-$ 57.1 kJ/mol    3. 175.7 J/mol    4. $-$ 175.7 J/mol

**Q 11-4** 25 ℃ における外界のエントロピー変化を求め，次の選択肢から選びなさい．（解説は p. 158）

162 第5章 熱化学の基礎：エンタルピー，エントロピー，ギブズエネルギーの役割

 1. 175.7 J/mol 2. − 175.7 J/mol 3. 191.6 J/mol 4. − 191.6 J/mol

**Q 11-5** 全体のエントロピー変化を求め，もっとも適切な選択肢を選びなさい．（解説 は p. 159)

 1. 自発（− 15.9 J/mol) 2. 非自発（− 15.9 J/mol) 3. 自発（15.9 J/mol) 4. 非自発（15.9 J/mol)

解答 Q 1 : 1，Q 2 : 3，Q 3 : 2，Q 4 : 2，Q 5 : 3，Q 6 : 4，Q 7 : 2，Q 8 : 2，Q 9 : 1，Q 10 : 2，Q 11-1 : 2，Q 11-2 : 2，Q 11-3 : 3，Q 11-4 : 4，Q 11-5 : 2

# 参 考 文 献

**第1章**

1.1) M. Caamaño, et al., "Resonance State in $^7$H." *Phys. Rev. Lett.*, **99**, 062502 (2007)

1.2) 佐甲徳栄, "ヘリウム様原子におけるフントの第一規則の起源（解説）." *日本物理学会誌*, **68**, no.6 (2013)：358-365

**第2章**

2.1) P. Atkins, L. Jones. *Chemical Principles the Quest for Insight.* 5$^{th}$ ed., Freeman. 2010.

2.2) A.L. Allred, E.G. Rochow, "A scale of electronegativity based on electrostatic force." *J. Inorg. Nucl. Chem.*, **5**, no. 4 (1958)：264-268.

2.3) R. T. Sanderson, "Electronegativity and bond energy." *JACS.*, **105**, no. 8 (1983)：2259-2261.

2.4) L. C. Allen, "Electronegativity is the average one-electron energy of the valence-shell electrons in ground-state free atoms." *JACS.*, **111**, no. 25 (1989)：9003-9014.

2.5) J. B. Mann, et al., "Configuration Energies of the d-Block Elements." *JACS.*, **122**, no. 21 (2000)：5132-5137.

2.6) J. Onoda, et al., "Electronegativity determination of individual surface atoms by atomic force microscopy." *Nature Commun.*, **8**, 15155 (2017).

**第3章**

3.1) B. Braïda, P. C. Hiberty, "The essential role of charge-shift bonding in hypervalent prototype XeF$_2$." *Nature Chem.* **5**, (2013)：417-422.

3.2) J. M. Merritt, et al., "Beryllium Dimer—Caught in the Act of Bonding." *Science*, **324**, no. 5934 (2009)：1548–1551.

3.3) H. Braunschweig, et al., "Ambient-temperature isolation of a compound with a boron-boron triple bond." *Science*, **336**, no. 6087 (2012)：1420-1422.

3.4) S. Shaik, et al., "Quadruple bonding in C$_2$ and analogous eight-valence electron species." *Nat. Chem.*, **4**, no. 3 (2012)：195-200.

3.5) K. Miyamoto, et al., "Room-temperature chemical synthesis of C$_2$." *Nat. Commun.*, **11**, 2134 (2020).

3.6) T. W. Hayton, et al., "Coordination and Organometallic Chemistry of Metal−NO Complexes." *Chem. Rev.*, **102**, no. 4 (2002)：935-991.

3.7) P. C. Ford, I. M. Lorkovic, "Mechanistic Aspects of the Reactions of Nitric Oxide with Transition-Metal Complexes." *Chem. Rev.*, **102**, no. 4 (2002)：993-1018.

3.8) F. Roncaroli, et al., "New features in the redox coordination chemistry of metal nitrosyls {M–NO$^+$；M–NO；M–NO$^-$ (HNO)}." *Chem.Rev.*, **251**, no. 13 (2007)：1903-1930.

**第4章**

4.1) G. Blaschke, et al., "Chromatographic separation of racemic thalidomide and teratogenic activity of its enantiomers." *Arzneimittel-Forschung*, **29**, no. 10 (1979)：1640-1642.

4.2) J. V. Quagliano, L. Schubert, "The Trans Effect in Complex Inorganic Compounds." *Chem. Rev.*, **50**, no. 2

（1952）：201-260.

4.3) T. G. Appleton, et al., "The *trans*-influence：its measurement and significance." *Coord. Chem. Rev.*, **10**, no. 3-4（1973）：335-422.

4.4) H. W. B. Roozeboom, "Stoechiometrie und Verwandtschaftslehre." *Z. Phys. Chem.*, **28**,（1899）：494–517.

4.5) S. Akai, "Dynamic Kinetic Resolution of Racemic Allylic Alcohols via Hydrolase–Metal Combo Catalysis：An Effective Method for the Synthesis of Optically Active Compounds." *Chem. Lett.*, **43**, no. 6（2014）：746-754.

4.6) 廣瀬芳彦 , "酵素反応を活用する有機合成化学. " *化学と教育*, **67**, no.12（2019）：592-595.

4.7) C. Thiehoff, et al., "The Fluorine Gauche Effect：A Brief History." *Isr. J. Chem.*, **57**, no. 1-2,（2017）：92-100.

4.8) T. Ando, T. Koji, "Mechanism of Chiral-Selective Aminoacylation of an RNA Minihelix Explored by QM/MM Free-Energy Simulations." *Life*, **13**, no. 3（2023）：722.

## 第 5 章
第 5 章全体で下記文献を参考にした。
・清水明，*熱力学の基礎*，東京大学出版会，2007
・H. B. キャレン，*熱力学および統計物理入門 第 2 版 上*，吉岡書店 1998
・H. B. キャレン，*熱力学および統計物理入門 第 2 版 下*，吉岡書店 1999
・田崎晴明，*熱力学：現代的な視点から*，培風館，2000
・由井宏治，*見える！使える！化学熱力学入門*，オーム社，2013
・中田宗隆，*演習で学ぶ 化学熱力学*，裳華房，2015

# 索　　　引

## ● 英字

$A$ 体　112
anticlockwise　112
axial　95
$C$ 体　112
$C/A$ 表記　112
CIP 順位則　100
clockwise　112
d 軌道の縮退と分裂　70
D / L 表記　127
D / L 表記法　125
dextro-roratory　125
dipole　42
dipole moment　37
$E/Z$ 表記法　100, 101
$e_g$ 軌道　71
electron affinity　30
equatorial　95
$fac$ 体　111
gauche 配座　110
HGS 分子構造模型　130
HOMO　78, 83
HPLC 法　115
isotope　2
levo-rotatory　125
LUMO　78, 83
$mer$ 体　111
MO 法　72
optical resolution　114
p 軌道板　132
polarity　36
polarization　37
$R$ 配置　103
$R/S$ 表記　127
$R/S$ 表記法　102
rectus　103
sinister　103
SOMO　83
s-p mixing　80
s-p 混合　80
sp 混成軌道　67
$sp^2$ 混成軌道　67
$sp^3d^2$ 軌道　69
$sp^3d$ 軌道　69
$sp^3$ 混成軌道　66
$syn$-シス　98

$S$ 配置　103
$t_{2g}$ 軌道　71
thalidomide　91
$unsyn$-シス　98
valence bond theory　61
valence electron　15
valence shell electron pair
　repulsion model　55
VSEPR 則　55
δ 結合　63
δ-ゴーシュ配座　111
$\varDelta$ 体　110
λ-ゴーシュ配座　111
$\varLambda$ 体　110
π 結合　63
π 受容性　99
σ 軌道　75
σ* 軌道　75
σ 供与性　98
σ 結合　63
φ 結合　63

## ● あ行

アキシアル結合　95
アキラルな分子　103
アクチノイド　11, 14, 21
アクチノイド収縮　22
アトロプ異性体　105
アノマー効果　129
アノマー炭素　127
アンチ配座　119
アンチペリプラナー配座　122
アンモニア　58
イオン化エネルギー　27
イオン結合　41
イオン半径　22
異核二原子分子　84
異性体　92
一酸化炭素　57, 85
一酸化炭素中毒　87
陰イオン　13
永久双極子　43
エクアトリアル結合　95
エナンチオマー　92, 104
エネルギー　140
エンタルピー　139, 143, 144
エントロピー　139, 147

オクテット則　13, 16, 52

## ● か行

外界　142, 153
価電子　15, 52, 61
カルノー　147
緩和　50
奇関数　75
輝線スペクトル　49
基底状態　50
ギブズエネルギー　150
逆供与　86
吸光　50
吸熱反応　139, 144
鏡像異性体　91, 92, 104
共鳴構造　53
共鳴混成体　53
共有結合　41
共有電子対　51
極性　36
キラルな分子　103
金属結合　40
偶関数　75
くさび形　94
屈曲型　87
系　142, 153
形式電荷　53
結合角　56
結合軸の回転　69
結合次数　78
結合性軌道　74, 75
原子価殻　16
原子核　1
原子価結合法　61
原子構造　1
原子半径　20
原子番号　2
原子量　2
光学分割　114
構成原理　9
構造式　51
ゴーシュ効果　121
ゴーシュ配座　110, 119
孤立系　156
ゴルトシュミット　23
混成軌道　64

## 166　索　引

### ● さ行
最外殻電子配置　12
最大収容電子数　5
サリドマイド　91
酸素分子　72
三フッ化ホウ素　57
三ヨウ化物イオン　58
ジアステレオマー　92, 108
　――塩分割法　115
シアン化物イオン　85
磁気量子数　6, 7
軸不斉　105
シグマ軌道　75
シグマ結合　63
シグマスター軌道　75
仕事　140
仕事等量　140
シス体　98
シス-トランス異性体　95
質量数　2
自発　145
自発的　139
シャノン　24
しゃへい効果　18
しゃへい定数　19
周期表　4
18電子則　16
ジュール　140
縮重　8
縮退　8
主量子数　6, 7
準位　50
瞬間双極子-誘起双極子相互作
　用　43
水素結合　45
スレーター則　19
節　73, 74
絶対配置　103
遷移　50
遷移元素　13
遷移状態効果　98
線形　94
占有度　56
双極子　42
　瞬間的な――　43
双極子-双極子相互作用　43
双極子モーメント　37, 39
双極子-誘起双極子相互作用
　43
速度論法　116

### ● た行
対称面　103
超原子価化合物　55, 60
直線型　87
テトラフルオロキセノン　58
デルタ結合　63
デルタ体　110
テルル化水素　70
電荷補償　2
電気陰性度　30, 34
典型元素　13
電子殻　5
電子親和力　30
　第3周期の――　31
電子対　10
電子配置　4
同位体　2
等核二原子分子　80
トランス影響　98
トランス効果　98
トランス体　97
トランス配座　119

### ● な行
内部エネルギー変化　141
二酸化硫黄　57
二酸化炭素　57
ニトロソニウムイオン　85
　――が配位する錯体　87
ニューマン投影式　119, 124
ねじれ形配座　120
熱　140
　定圧下での――　143
熱化学方程式　139

### ● は行
ハース投影式　127
パイ結合　63
パウリの排他原理　9
破線-くさび形表記　93
破線形　94
発光　50
発熱反応　144
反結合性軌道　74, 75
半閉殻　10, 18
非共有電子対　51
非結合性軌道　84
非自発　145
ファイ結合　63
ファンデルワールス力　42

### ● ま行
マレイン酸　96
水　58
メソ化合物　109
メタン　58
面不斉　106

### ● や行
有効核電荷　18
陽イオン　14

### ● ら行
ラセミ化合物　113
ラセミ固溶体　113
ラセミ混合物　113
ラセミ体　113
ラムダ体　110
乱雑さ　149
らせん不斉　107
ランタノイド　11, 14, 21
ランタノイド収縮　22
脱離反応　122
立体配座異性体　92
立体配置異性体　92
硫化水素　70
量子論的効果　17
ルイス構造　52
励起　50
励起状態　50
連続スペクトル　49

フィッシャー投影式　124
複核　17
不斉炭素　91
不斉炭素原子　103
不斉中心　104
不対電子　10, 51
物質の三態　148
フマル酸　96
分極　37, 39
分子間力　42
分子軌道法　72
フントの規則　10
閉殻　18
閉殻構造　5
閉鎖系　156
方位量子数　6, 7
膨張仕事　142
ポーリング　23

友野　和哲（ともの　かずあき）
関東学院大学理工学部准教授
2003 年東京理科大学理学部卒業．2008 年東京理科大学大学院
理学研究科修了．博士（理学）．東京理科大学助教，山口大学
助教，宇部工業高等専門学校准教授などを経て現職．
YouTube チャンネル「とものラボ 楽単ちゃんねる」を通じて，
理科教育の普及に努めている．


動画と分子模型でわかる　基礎化学
〜原子の構造・電子の軌道・分子の立体構造・エネルギーと反応〜

令和 6 年 12 月 25 日　発　行


著作者　　友　野　和　哲

発行者　　池　田　和　博

発行所　　丸善出版株式会社

〒101-0051 東京都千代田区神保町二丁目 17 番
編集：電話（03）3512-3266／FAX（03）3512-3272
営業：電話（03）3512-3256／FAX（03）3512-3270
https://www.maruzen-publishing.co.jp/

© Kazuaki Tomono, 2024

組版印刷・中央印刷株式会社／製本・株式会社 松岳社

ISBN 978-4-621-31055-7 C 3043　　　　　Printed in Japan

**JCOPY** 〈（一社）出版者著作権管理機構　委託出版物〉
本書の無断複写は著作権法上での例外を除き禁じられています．複写
される場合は，そのつど事前に，（一社）出版者著作権管理機構（電話
03-5244-5088，FAX 03-5244-5089，e-mail：info@jcopy.or.jp）の許諾
を得てください．